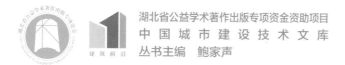

湖北省公益学术著作出版专项资金资助项目

中国城市建设技术文库

丛书主编 鲍家声

The Research on the Ecological Energy-conservation Design Strategy
in High Density District of Cold Climate City

寒冷气候城市高密度地区生态节能设计策略研究

王婷 著

http://www.hustp.com

中国·武汉

图书在版编目（CIP）数据

寒冷气候城市高密度地区生态节能设计策略研究 / 王婷著. -- 武汉：华中科技大学出版社，2022.9
（中国城市建设技术文库）

ISBN 978-7-5680-7852-8

Ⅰ.①寒… Ⅱ.①王… Ⅲ.①寒冷地区－城市建筑－建筑设计－节能设计－研究 Ⅳ.①TU201.5

中国版本图书馆CIP数据核字（2022）第042804号

寒冷气候城市高密度地区生态节能设计策略研究
Hanleng Qihou Chengshi Gaomidu Diqu Shengtai Jieneng Sheji Celüe Yanjiu

王 婷 著

出版发行：华中科技大学出版社（中国·武汉）	电话：（027）81321913	
地　　址：武汉市东湖新技术开发区华工科技园	邮编：430223	

策划编辑：张淑梅	封面设计：王　娜
责任编辑：赵　萌	责任监印：朱　玢

印　　刷：武汉精一佳印刷有限公司
开　　本：710 mm×1000 mm 1/16
印　　张：16.25
字　　数：271千字
版　　次：2022年9月第1版 第1次印刷
定　　价：98.00 元

投稿邮箱：zhangsm@hustp.com
本书若有印装质量问题，请向出版社营销中心调换
全国免费服务热线：400-6679-118 竭诚为您服务

华中出版

"中国城市建设技术文库"
丛书编委会

"十二五"国家科技支撑计划项目"城镇群高密度空间效能优化关键技术研究"（2012BAJ15B03）

北京建筑大学青年教师科研能力提升计划"应对气候变化的城市高密度地区生态节能设计策略研究"（X21043）

前　　言

随着人口的持续增长和城市化的不断推进，城市建设发展迅速，城市逐渐呈现高密度形态。城市发展过程中对能源资源的消耗日益增加，导致了能源资源几乎枯竭、全球气候变化、城市环境恶化、人体机能弱化等问题，而城市高密度地区，建设与人口、用地之间的矛盾更加突出。尤其是寒冷气候条件下，城市高密度地区比城市其他区域面临更多的环境、能耗、气候、生态问题。在"生态"和"节能"已成为国际社会共识的当下，城市节能势在必行。本书通过对寒冷气候区城市高密度地区能源资源消耗的研究，按照"问题探索—分析提炼—研究解决—实例应用"的逻辑方式，针对寒冷气候条件下的城市高密度地区所存在的能耗问题，提出了改善生态环境、降低能源资源消耗的实施策略。

本书共分为五个部分。

第一部分为问题探索（第1、2章）。首先在分析城市发展面临的严峻形势以及高密度是城市未来发展诉求的基础上，提出城市高密度地区的定义、内涵和基本特征；然后从城市层面探讨能耗和节能问题，分析高密度发展的能耗特征，总结以往研究，提出城市高密度地区生态节能设计研究的重要性，为后文研究提供基础资料。

第二部分为分析提炼（第3章），着重分析探讨寒冷气候条件下城市高密度的能耗复杂性。首先分析城市高密度地区能耗现状，总结了能耗"七宗罪"；其次分析研究城市能耗、高密度布局及气候三者之间相互影响、相互制约的复杂关系，进而提炼寒冷气候区城市高密度地区生态节能设计的核心问题，为后文研究打下原理性基础。

第三部分为研究解决（第4、5章）。根据前文分析，提出构建城市高密度地区生态节能设计体系，从生态节能基底（第5.1节）、生态节能形态（第5.2节）、生态节能支撑（第5.3~5.7节）和生态节能行为（第5.8节）四大要点提出高密度城市生态节能设计的三层级八大要素系统，并针对寒冷气候条件进行权重赋值，进而提出切实可行的寒冷气候城市高密度地区生态节能设计策略。

第四部分为实例应用（第6章）。介绍了天津市的高密度布局及城市节能概况，并基于LEAP模型进行天津市节能潜力分析；根据分析结果选取高密度地区进行生态节能设计策略研究。

第五部分为结论与展望（第7章）。

目　录

1

绪　论

人类的生活质量在很大程度上取决于我们建设城市的方式、城市人口密度和多样化程度。城市人口密度越大、多样化程度越高,对机械化的交通系统依赖越小,对自然资源消耗越少,那么对自然界的负面影响就越小。

——理查德·瑞吉斯特

1.1 城市面临的严峻形势

我国的城镇化处在一个关键的转型发展时期,促进城镇群健康发展是我国城镇化的主体战略和导向,提高城镇群高密度发展空间的运行效能,促进城镇群高密度发展空间的集约化、生态化已成为一项重要而紧迫的课题,迫切需要针对城镇群高密度发展的空间的效能优化建立科学合理的评价方法和规划调控的技术体系。通过对城镇群高密度发展效能评价和优化技术体系的突破,提高我国在高密度人居环境规划技术和方法领域的自主创新能力,增强规划决策的科学性,引导城镇群建设资源节约型、环境友好型社会,以提高城镇群综合承载能力,促进城乡规划建设事业的全面、协调、可持续发展。

城镇群空间规划与动态监测关键技术研发与集成示范项目"城镇群高密度空间效能优化关键技术研究"是"十二五"国家科技支撑计划项目,本书源于其子课题"城镇群高密度地区空间环境效能优化关键技术研究"中关于城镇群高密度地区空间环境优化与综合节能技术的研究。借助课题支撑,建立高密度城市生态节能设计体系,选取寒冷气候条件进行体系指标权重赋值,针对寒冷气候城市高密度地区的空间环境及其规划设计研究,集成成熟的节能技术与绿色生态设计方法,在城市空间合理布局、土地综合开发、地上地下空间综合利用、公共交通导向、综合降低建筑能耗等方面提出整体优化城市空间环境的生态节能设计模式。

(1)能源资源匮乏

众所周知,地球约有四分之三的面积覆盖着水,然而淡水资源却十分匮乏,仅占全球总水量的2.53%,并且超过六成是分布在南北两极、高山地区的固体冰川和深埋于地下很难被开采利用[1]，其匮乏程度超乎大多数人的想象。工业化进程、城市化发展，以及人口的成倍增长加快了世界淡水资源的消耗速度。资源和能源短缺是我国面对的巨大挑战，水资源和土地资源都存在不同程度的短缺和浪费。

（2）全球气候变化

法国著名数学家、物理学家傅立叶早在 1824 年第一次提出"温室效应"一词，他指出人类燃烧化石燃料向大气中排入的二氧化碳等吸热性强的温室气体逐年增加，大气的温室效应会随之增强，从而引起全球气候变暖等一系列极其严重的问题。而后科学家们发现，森林、海洋对大气中二氧化碳的吸收分解速度远低于人类排放二氧化碳的速度，造成大气中大量二氧化碳堆积，从而不可逆转地改变着世界[2]。近百年来全球气温经历了"冷→暖→冷→暖"几次波动，从总体看气温呈上升趋势，尤其 20 世纪 80 年代后，全球气温上升明显。

全球气候变化将改变人类赖以生存的地球，各种资源格局产生变化，尤以水、热资源最为显著。随着"温室效应"的增强，地球表面温度持续上升，将会带来诸如冰川消融、极端气候、粮食减产、海平面上升、物种灭绝、空气污染等负面影响，随之而来的是一系列自然灾害，像《2012》等灾难电影中描述的那样，人类文明甚至是人类生命在地震、飓风、洪水、火山爆发、极端气候等面前脆弱不堪、渺小至极。

（3）城市环境恶化

工业化和城市化的高速发展使城市污染废弃物成倍增加，目前，废弃物污染已然成为全球城市都面临的环境恶化问题。废水的乱排放直接威胁到人类和水生动植物的生存和健康，废水的下渗与蒸发严重影响土地资源、地下水资源以及大气环境。废气被排放后在城市上空联结、相互作用，对全球大气循环产生恶性影响，诱发人们呼吸系统和血液循环系统的疾病。固体废弃物可能含有毒性、燃烧性、爆炸性、放射性、腐蚀性、反应性、传染性与致病性的有害废弃物或污染物，甚至含有污染物富集的生物，有些物质难降解或难处理，且固体废弃物排放数量与质量具有不确

[1] 耿浩清，石成君，苏亚欣. 空气取水技术的研究进展 [J]. 化工进展，2011，30（8）：1664-1669.
[2] 怀特. 生态城市的规划与建设 [M]. 沈清基，吴斐琼，译. 上海：同济大学出版社，2009.

定性与隐蔽性，固体废弃物处理过程中可能会生成二次污染物，这些因素导致固体废弃物在其产生、排放和处理过程中对生态环境造成污染，甚至对人类身心健康造成危害。此外，在商品的生产和销售过程中对资源、能源的过度消耗常被忽视。在人口密集的城市，垃圾处理是一个复杂且令人头痛的问题，不仅收集、搬运需要大量人力物力，而且填埋处理地点是扩张式"围城"。另外，臭氧层被破坏也是全球环境问题比较突出的一个具体方面。破坏臭氧层的氯氟烃从安装有空调系统的建筑和一些用泡沫剂生产的塑料绝缘材料中产生。

（4）人体机能弱化

近几十年来我国城镇化高速发展，但整体看来经济发展并不均衡，生态环境也较为敏感脆弱，加之人口基数大，极容易受气候变化影响。资源、能源的巨量消耗，势必对自然生态环境产生持续的影响，我国正面临着如何应对气候变化、调整城市发展方向、维持城市可持续发展以及保障人们健康的多重考验。自然环境制约着城市这个人工环境的发展，而人工环境又影响着自然环境，图 1-1 所示的是自然环境系统与人工环境系统的输入和输出关系。

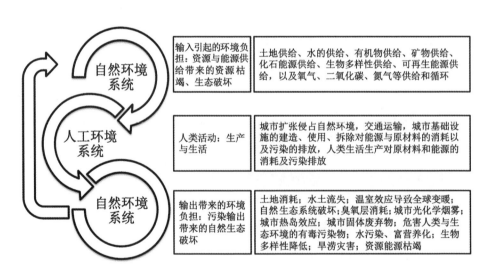

图 1-1　自然环境系统与人工环境系统的输入和输出关系

（资料来源：作者自绘）

1.2 高密度是城市未来发展的诉求

（1）人口膨胀的空间诉求

随着城镇化的发展，城市人口不断增长，则需要拓展更多的自然与人工环境空间来容纳以维持生存和发展[1]。联合国人口基金会（UNFPA）在《2011年世界人口状况报告》中称2011年10月31日世界人口达到70亿，并预测13年后会再增10亿。联合国人口司预测，假如世界上的人口大国生育率都提高，哪怕只有小幅度攀升，都将使全球人口总数大幅度增加：2050年将达106亿，2100年达150亿。图1-2为世界人口每增加10亿的年份示意图。报告还指出，21世纪亚洲将继续是世界上人口最多的地区。2011年亚洲人口约为42亿，总体占比达60%，预计21世纪中叶将达到峰值（2052年有望达到52亿），之后开始缓慢下降。2021年5月11日，我国第七次全国人口普查结果公布，全国人口超过14.1亿。以上人口增长的数据表明，包括中国在内的亚洲发展中国家人口膨胀剧烈，意味着亚洲国家对空间的诉求较之欧美国家更加强烈。

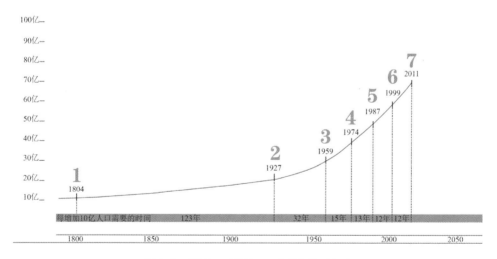

图 1-2　世界人口每增加 10 亿的年份示意图
（资料来源：联合国人口基金会《2011 年世界人口状况报告》）

---

[1] 董春方. 高密度建筑学 [M]. 北京：中国建筑工业出版社，2012.

（2）城镇化发展的空间诉求

快速的城镇化进程吸引越来越多的人聚居于城市，而膨胀的人口亦作用于城镇化进程，使得城镇对空间拓展的需求量增大和城镇数激增。

根据《2018年世界城市化前景（修订版）》，2018年全球有33个城市人口过千万，其中，20个城市在亚洲（图1-3），预计到2030年，全球超过千万人口的城市将会有43个，而亚洲将有27个。到2030年，预计全球60%的人口居住在城市地区，每三个人中就有一人居住在人口至少50万的城市；将有7.52亿人生活在至少有1000万居民的城市，占全球人口的8.8%[1]。面对日趋增长的城市空间的数量和质量诉求，在地球生存空间和资源有限的条件下，高密度、高效率地利用空间是人类生存和发展的有效途径。

（3）生态补偿的空间诉求

人类生存发展的根基是健康可持续的生态环境。由于人口膨胀和快速城镇化对生态环境造成干扰，如水资源的消耗、二氧化碳的排放等，需要建立有效的生态补偿机制，保护、修复或重建区域生态，统筹区域协调发展。然而生态补偿亦需要大量空间。地球生态足迹的观念指出，为满足人类的各种需要的土地量为每人 1.8 hm^2，由此许多国家需要比他们国土面积大得多的空间来满足生态足迹要求[2]。例如，欧盟农业景观项目，美国的土地休耕保护储备计划，我国的"退耕还林""退田还草"等都是自然生态保护或区域生态环境保护方面的有效措施。

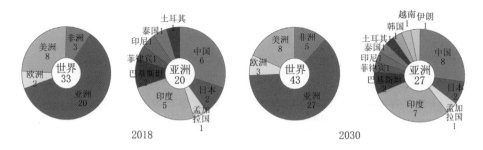

图 1-3　2018 年千万人口城市数与 2030 年预测千万人口城市数

[1] 联合国经济和社会事务部人口司 . https://population.un.org/wup/Publications/.

[2]MVRDV. KM3: excursions on capacities[M]. Actar, 2005.

（4）城市发展的必然方向

城市是区域的枢纽，是人口较为密集、各类要素较为集中的地区，其作用和规模是由职能结构和人口密度决定的，同时也受山脉、河流等自然地理状况和交通网状况影响。城市承担着各种非农业生产的职能，拥有社会政治机构、各种文化教育设施和商业设施。城市因其巨大的吸引力和辐射力成为区域人口增长最显著的地区，在城市人口膨胀、城镇化发展和生态环境补偿的三重诉求下，高密度展现着经济、高效、多样性等特征，高密度聚集可以有效并高效地整合、分配有利资源，利于形成多样化的城市空间和发展多样化的城市功能，各类要素的高密度聚集有利于要素之间的流动，因此，高密度是城市发展的必然趋势，是"新型全球生活方式"[1]。

1.3 高密度发展的双刃剑：集约与高耗

（1）高密度发展的优势——集约

简·雅各布斯（Jane Jacobs）在其著作《美国大城市的死与生》中提到，一个有活力的城市需具备的 4 个条件：① 设置小的建筑地块，便于接近和运动；② 街区最好具有两个以上功能，不止一个基本功能，鼓励不同的使用者使用共同的设施；③ 混合不同时代和现状的建筑物，以鼓励各式各样的企业；④ 人口在一定密度下集中，以支撑多样化的活动。

雅各布斯所倡导的这种设计方式代表了一种城市模式，正如世界自然基金会（WWF）提出的"CIRCLE"[2]原则：① 遏制城市膨胀，提倡紧凑型发展（compact）；② 倡导负责任的个人消费行为（individual）；③ 降低能源资源消耗的负面影响（reduce）；④ 减少能源消耗的碳足迹（carbon）；⑤ 保持土地的生态和碳汇功

[1] 杜兰 . 高密度住宅建筑 [M]. 林源，等译 . 北京：中国建筑工业出版社，2011.
[2] 世界卫生组织 . Database: outdoor air pollution in cities[EB/OL]. http://www.who.int/phe/health_topics/outdoorair/databases/en/.

能（land）；⑥ 发展循环经济，提高能效（efficiency）[1]。因此，城市要可持续发展、要降低能耗和节约资源，就要秉承"紧凑 3H 型"模式，即高密度（high density）、高容积率（high plot ratio）、高层（highrise）。

世界城市发展经验表明，过低的城市人口密度会造成不经济的城市基础设施的建设和利用率，并且浪费大量能源。城市中产业、人口、资源和活动高度密集，所以它是主要能耗区域。全球约 75% 的能耗和 60%~70% 的碳排放在城市中产生，由此可见，城市的高能消耗是其发展与环境博弈失衡的主要问题之一。适当地提高城市空间密度有利于资源共享，而人口密度高，土地使用效率也高，可以更好地利用基础设施和交通服务，减少对城市边缘土地的侵蚀，有效节约能源。从节能的规划角度看，蔓延型的城市形态较密集型的城市消耗更多的能源，无论是城市的总体能耗量还是人均能耗量都与城市发展密度负相关，蔓延型的城市形态较于紧凑型还具有过于依赖汽车的劣势，从而产生更多的二氧化碳等温室气体的排放量[2]。

而高容积率则意味着在有限的城市空间里容纳高密度的人口和产业（以服务行业为主），大大提高了单位用地面积的产出，达到节约用地、集约化和复合化发展目的，从而减少了动力型交通出行的需求。

"高层"则是走"高密度"和"高容积率"发展之路的必然选择，将水平方向能源消耗转向垂直方向的能源消耗。高层建筑比多层建筑更注重土地的节约化利用，通常高层建筑布局集中、占地大，建筑进深大，因此存在较暗、黑的房间，部分房间需要人工解决采光和通风问题；另外高层建筑为了减轻围护结构的自重会采用玻璃幕墙，但是大量的单层玻璃幕墙会对周围建筑产生"热负影响"。据统计，大型高层建筑所耗能源是普通公共建筑的 6~8 倍[3]。

（2）高密度发展的劣势——高耗

高密度、高容积率和高层的"3H"发展模式是建立在土地环境容量等基础上的，

[1] CCICED-WWF. Report on ecological footprint in China [EB /OL]. http://www.footprintnetwork.org/.

[2] 王成超. 加拿大城市可持续性发展战略及对我国的启示 [J]. 中国人口·资源与环境，2004（5）：130-135.

[3] 孙颖，崔倩，赵翰文. 北京高层建筑节能地域性设计再思考 [J]. 华中建筑，2012，30（6）：38-42.

城市中所有的活动都依赖于自然界提供的能量和物质，并将废物、废气和废水等排放回自然环境产生影响和干扰。城市土地开发强度越高，污染物排放量、地均用电量及用水量等也越高，则生态系统服务的地均价值就越低[1]。"3H"并非越高越好。

① 高能源资源消耗：城市中的产业发展和人口增长都需要大量能源、资源支撑，并且随着人均消费量的提高，城市对能源资源的总需求成倍增长。另外，城市高密度环境对于太阳辐射的吸收和反射状况比开敞乡村要复杂得多，这是造成城乡气候条件差异和城市热岛效应的主要诱因之一[2]。虽然高密度、高容积率和高层布局是城市高密度空间形态的发展必然，但是其建筑能耗强度较高，即单位土地面积上的能耗高，因此，会造成一系列环境负效应，也是城市热污染（热岛效应）的主要来源。并且高层（包括超高层）建筑利用低能量密度的可再生能源十分困难，不容易进行被动式节能措施，因此城市高密度地区要降低能源消耗，高层建筑的能源系统效率至关重要。

考察国外大城市后发现，它们的高密度发展也面临以上问题，东京地价的猛涨导致建筑密度不断增大和高层建筑急剧增加，造成城市空气流通及热扩散受阻，并且高层建筑物就如同大型蓄热器一样，白天吸热夜晚放热，造成夜间市区气温居高不下，"热岛效应"造成的热污染对自然环境、植物生态以及居民的日常生活和健康都造成了巨大的负效应[3]。

② 环境恶化：高密度、高容积率及高层建筑的集约式发展使环境荷载增大，甚至会造成环境荷载过大，从而引起环境恶化问题；过高的密度和容积率等集约化发展会造成基础设施、管网等供应负荷增大，造成高峰期基础设施使用过于集中，诸如用电高峰、用水高峰和拥堵高峰等，还会增加设备和资金的投入。一味地追求高容积率的城市用地、高密度布局的建筑以及高度不断攀升的高层建筑不仅会使周

[1] 赵亚莉，刘友兆，龙开胜. 城市土地开发强度变化的生态环境效应 [J]. 中国人口·资源与环境，2014，24（7）：23-29.

[2] 王婷，曾坚. 高密度环境下城市色彩的节能效用 [J]. 城市问题，2015（3）：47-53，104.

[3] 陈基炜，韩雪培. 从上海城市建筑密度看城市用地效率与生态环境 [J]. 上海地质，2006（2）：30-33，66.

边环境日照、采光等条件不合标准，还会引起不适的风环境，使城市空间环境质量恶化。

综上所述，高密度发展虽是城市未来的发展诉求与必然趋势，但是城市三大高能耗领域（产业[1]、建筑和交通）中有两项（建筑、交通）都直接指向不当的"3H"模式发展。建筑和交通的高消耗很大程度都是由不当布局或是一味非理性地追求高密度集约化发展而引起的，过分地强调高密度集约式发展虽然极大地节约了用地，但是人口和建筑的过度密集、建筑盲目地攀高都消耗着大量的能源和资源。

1.4 高密度城市生态节能研究的重要性

高密度城市自身具有建筑、人员、交通等各类要素的高聚集特殊属性，对能源资源的需求更大，又因其内部多重要素复杂的相互作用容易产生各类不稳定因素，从而成为"城市环境失能"源头。且随着其不断发展，资源枯竭、人口膨胀、环境恶化等问题日益凸显，种种负面因素的出现，使得城市以及城市化饱受诟病。相较于郊区、乡村及城市其他区域，城市高密度地区面临着更多的气候、环境问题，加之高聚集属性的脆弱性，城市建设与人口、用地之间的矛盾尤为突出，极易造成生态环境博弈失衡，各种环境失效连锁反应造成的危害影响扩大，并使环境恶化难以控制，从而带来经济损失。

长期以来，我国的城市生态节能研究以研究建筑单体节能为主，且设计研究水平较高，但针对城市或城区的生态节能统筹协调层面研究水平较弱，并且针对城市高密度地区的布局效能研究仍不完善。从城市规划与设计视角探索高密度城市布局特征和不节能因素，整合生态节能设计要素，建立适宜于高密度城市的生态节能设计体系，提出可实施操作的生态节能设计模式和策略，是十分必要和重要的。

高密度是城市未来发展的必然趋势，而城市高密度地区生态节能、效能提升和

---

[1] 引用了龙惟定教授的讲法。龙惟定, 范蕊, 梁浩, 等. 城市节能的关键性能指标[J]. 暖通空调, 2012 (12): 1-9.

优化研究的意义大、困难多。本书以寒冷气候条件下的城市高密度地区为研究对象，分析城市高密度地区布局和能耗现状及特点，建构针对高密度城市特点的生态设计体系并提出相应的生态节能策略，期望能为城市高密度地区生态节能、效能的提升指明方向，为城市生态节能作出贡献。

基于生态节能的城市高密度空间布局效能优化研究，从重点地区层面，针对高强度城市开发地区特点，以优化城市空间布局效能和土地使用集约化为重点，在剖析城市空间设计与能耗关系的基础上，开展城市高密度地区生态节能设计和环境控制设计的研究，提出优化整体空间结构、促进紧凑型发展的思路和方法，合理配置各种资源，提高运行效率，减少城市高密度发展带来的负面效应。

本书的研究旨在为我国城市高密度地区的生态节能规划设计提供理论上的依据和实践上的指导。

从理论研究方面来看，密度越高，人工化程度就越高，其能源资源高消耗势必带来一系列环境问题。本书提出将生态节能理念深入城市高密度地区设计中，在城市发展的全过程中融入设计效能生态化、节能化设计，从源头上降低城市与环境博弈失衡的概率，提高高密度人居环境规划技术和方法的创新能力，增强规划决策的科学性，填补当前城市节能整体性研究的不足，因此，构建高密度城市生态节能设计策略研究有利于完善城市节能相关理论研究。

从实践方面来看，我国仍处于城镇化发展时期，迫切需要相关理论和实践的指导。本书从研究分析城市高密度地区环境特征及城市病、能耗的类型和特点出发，整合生态节能设计要素系统，提出应对和改善的方法策略，以期达到降低高密度地区的能源消耗，缓解环境恶化影响的目的。本书设计了基于数字技术、智慧技术的高密度城市生态节能数据库及城市决策者使用客户端、开发设计人员使用客户端和城市居民使用客户端的初步框架。另外，基于 LEAP 模型对天津节能潜力进行分析，针对高密度的天津小白楼地区的布局现状，对该区域存在的城市环境问题进行分析，提出基于生态节能理念的城市高密度地区效能提升和优化策略，以上实践旨在为城市高密度地区生态节能设计理论向实际应用转换提供一定的启示和引导。

城市高密度地区具有复杂的布局特征、脆弱的生态环境和巨量的能源消费，因此，城市高密度地区生态节能设计是城市形态和城市节能研究中亟待解决的重点和难点。本书的主要创新点包括：

① 对城市高密度地区进行了界定，在地域空间范围上将其划分为宏观的城市高密度中心区、中观的城市高密度街区和微观的城市高密度地块，并提出了城市化发展的全程化，城市空间与建筑空间相结合的一体化，空中、地面、地下空间相结合的立体化，地域气候分区化和软硬实力多样化的生态节能设计理念，构建了集宏观城市级、中观街区级、微观地块级于一体的全面整体化高密度城市生态节能设计要素体系，并进行了权重计算，提出生态节能基底、生态节能形态、生态节能支撑及生态节能行为四方面生态节能设计策略。

② 针对以往开发强度的"单限"控制，提出"3H"弹性生态节能值域区间控制方法，城市高密度地区空间形态应采取"3H"型，并针对开发强度的"单限"控制，在宏观尺度上考虑高密度城市生态和节地节能影响。提出"3H"的最优生态节能值域区间和决策方法：将理想状态下的数学定量、计算机模拟和利用经验的定性方法相结合，确定合理的理想土地开发强度值（域），运用"分区分管，分级管控"模式进行管理，并运用"生态容积率"（EAR）进行绩效管理，即以增加个体权益的小尺度策略来逐步影响大尺度制度向灵活、弹性和动态的方向转变。

③ 提出环境气候图在高密度城市的应用尺度，利用城市空间热平衡分析进行城市气象分区，包括考虑通风分区、热岛分区、色彩分区等，并依据分区提出城市色彩节能的潜力及其节能效用。

寒冷气候城市高密度发展综述

2.1 寒冷气候区与城市高密度地区

2.1.1 寒冷气候区

气候因太阳辐射的分布差异而具有以下几个特点：

① 气候因"太阳辐射随纬度发生规律变化"而具有纬度地带性；

② 气候因"海陆分布产生干湿度差异"而具有经度地带性；

③ 气候因"气温随山地海拔高度变化"而具有垂直带性；

④ 气候因"随地形起伏、坡向、下垫面状况等变化"而具有非地带性特征。因此，气候的产生与差异是受地带性与非地带性综合影响的。

以气候具有地域分异规律为基础，按气候特征的相似和差异程度，根据研究目的和产业部门对气候的要求，以相关指标逐级划分一定地域范围（包括全球、地区、城市等尺度），将气候大致相同的地方划为同一区，即气候区划。气候区划可以分为很多种类，例如，按照研究对象和研究目的的不同，有建筑、农业、航空等领域的气候区划。

建筑气候区划是按不同地理区域气候条件对建筑工程影响的差异性所做的区域划分，其目的是使建筑更充分地利用和适应不同的气候条件，因地制宜地进行建筑设计、施工。建筑热工设计应用最多的分区方法是英国学者斯欧克莱的气候划分方法。我国《民用建筑设计统一标准》（GB 50352—2019）对我国全境进行了建筑气候区划，以明确"气候"和"建筑"的科学关系。我国的建筑气候区划包括 7 个主气候区和 20 个子气候区，各子气候区的建筑有不同的设计要求（表 2-1）。

从我国建筑气候区划来看，寒冷气候区涵盖全部 Ⅱ 区，以及 Ⅵ 区中的 Ⅵ C 和 Ⅶ 区中的 Ⅶ D，主要包括天津、山东、宁夏全境；北京、河北、山西、陕西大部；辽宁南部；甘肃中、东部，以及河南、安徽、江苏北部的部分地区；新疆中部、甘肃西部、西藏中南大部、四川中西部、云南西北小部分等地区。该区春秋两季短，气温变化剧烈，气温年较差大（表 2-2），平均可达 26~34℃，年平均气温日较差达 7~14℃；春季雨雪稀少，多大风和风沙；夏季平原地区炎热湿润（如华北平原），高原地区较凉爽（如青藏高原）；冬季较长且寒冷干燥。该区日照丰富，年日照小时数为 2000~2800 h，年太阳总辐射照度为 150~190 W/m²，年日照百分率为 40%~60%。各气象现象日数归纳如表 2-3 所示。寒冷气候区重要城市的采暖度日数：北京 2450℃·d、天津 2285℃·d、太原 2795℃·d、石家庄 2083℃·d、西安 1710℃·d、济南 1757℃·d、郑州 1627℃·d。

表 2-1　不同分区对建筑的基本要求

	分区代号	分区名称	气候主要指标	建筑基本要求
I	I A I B I C I D	严寒地区	1月平均气温 ≥ -10℃ 7月平均气温 ≤ 25℃ 7月平均相对湿度 ≥ 50%	① 建筑物必须充分满足冬季保温、防寒、防冻等要求。 ② I A、I B 区应防止冻土、积雪对建筑物的危害。 ③ I B、I C、I D 区的西部，建筑物应防冰雹、防风沙
II	II A II B	寒冷地区	1月平均气温 -10~0℃ 7月平均气温 18~28℃	① 建筑物应满足冬季保温、防寒、防冻等要求，夏季部分地区应兼顾防热。 ② II A 区建筑物应防热、防潮、防暴风雨，沿海地带应防盐雾侵蚀
III	III A III B III C	夏热冬冷地区	1月平均气温 0~10℃ 7月平均气温 25~30℃	① 建筑物应满足夏季防热、遮阳、通风降温要求，并应兼顾冬季防寒。 ② 建筑物应有良好的自然通风，透明围护结构避免西晒，并应满足防雨、防潮、防洪、防雷电等要求。 ③ III A 区应防台风、暴雨袭击及盐雾侵蚀。 ④ III B、III C 区北部冬季积雪地区建筑物的屋面应有防积雪危害的措施
IV	IV A IV B	夏热冬暖地区	1月平均气温 > 10℃ 7月平均气温 25~29℃	① 建筑物必须满足夏季遮阳、通风、防热要求。 ② 建筑物应防暴雨、防潮、防洪、防雷电。 ③ IV A 区应防台风、暴雨袭击及盐雾侵蚀
V	V A V B	温和地区	1月平均气温 0~13℃ 7月平均气温 18~25℃	① 建筑物应满足防雨和通风要求，主要房间应有良好朝向。 ② V A 区建筑应注意防寒，V B 区应特别注意防雷电
VI	VI A VI B	严寒地区	1月平均气温 0~-22℃ 7月平均气温 < 18℃	① 建筑物应充分满足保温、防寒、防冻的要求。 ② VI A、VI B 区应防冻土对建筑物地基及地下管道的影响，并应特别注意防风沙。 ③ VI C 区的东部，建筑物应防雷电
	VI C	寒冷地区		

分区代号	分区名称	气候主要指标	建筑基本要求
VII	VII A VII B VII C 严寒地区 VII D 寒冷地区	1 月平均气温 −5~−20 ℃ 7 月平均气温 ≥ 18 ℃ 7 月平均相对湿度 < 50%	① 建筑物必须充分满足保温、防寒、防冻的要求。 ② 除VII D 区外，应防冻土对建筑物地基及地下管道的危害。 ③ VII B 区建筑物应特别注意积雪的危害。 ④ VII C 区建筑物应特别注意防风沙，夏季兼顾防热。 ⑤ VII D 区建筑物应注意夏季防热，吐鲁番盆地应特别注意隔热、降温

资料来源：《民用建筑设计统一标准》（GB 50352—2019）和《民用建筑热工设计规范》（GB 50176—2016）。

表 2-2　寒冷气候区气温特点

月份	年平均气温 / ℃	极端气温 / ℃	备注
1 月	−10~0	−20~−30	
7 月	18~28	35~44	平原地区极端最高气温大多可超过 40 ℃

资料来源：作者根据《建筑气候区划标准》（GB 50178—1993）整理。

表 2-3　寒冷气候区各气象现象日数归纳

气象现象	年日平均气温 ≤ 5 ℃	年日平均气温 ≥ 25 ℃	年最高气温 ≥ 35 ℃	年大风日	年沙暴日	年降雪日	年积雪日	年冰雹日	年雷暴日
天数 /d	90~145	< 80	10~20	5~25	1~10	< 15	10~40	< 5	20~40

注：年大风日数局部地区可达 50 d 以上；该区最大积雪深度为 10~30 cm；最大冻土深度小于 1.2 m。
资料来源：作者根据《建筑气候区划标准》（GB 50178—1993）整理。

　　由于寒冷气候区分为 A、B 两个子气候区，两个子气候区的气候特征稍有不同，对建筑的基本要求也有不同，A 区建筑物除了冬季有防寒避风等基本要求，在夏季还需要防止过于炎热、防止暴风暴雨、防止过于潮湿，沿海区域还应防止盐雾侵蚀；而 B 区的建筑物可不考虑上述要求。本书研究对象的气候条件限定为寒冷气候 A 区，主要包括京津冀地区、山东省等。

2.1.2 城市高密度地区

1. 高密度及其测度

在城市研究中，密度随着地理环境、历史、经济等情况的不同而不同。一个城市的密度是需要测度的。在城市规划和建筑领域存在着多种测度密度的方法和测度指标，城市规划学科常用的密度测度方法大致可以分为测度人口密度和建筑密度两大类。

（1）人口密度

人口密度指单位面积上的平均人口数量，用总人口数除以总面积来计算，常用数据包括数学密度、生理密度和农业密度三类，用来反映一定地区范围内人口分布疏密程度。在计算城市人口密度时常用的是数学密度，"城市人口密度 = 城市人口 / 城市面积"，单位一般用每平方千米有多少人口或每平方米有多少人口来表述。城市密度通常用居住人口或户籍人口数据进行计算，表示的是一种静态的概念。

根据宏观层面人口密度可以将区域分为四个等级：

第一等级为人口密集区，人口密度＞ 100 人 / km^2（如中国、日本）；

第二等级为人口中等区，人口密度为 25~100 人 / km^2（如巴西、埃及）；

第三等级为人口稀少区，人口密度为 1~25 人 / km^2（如蒙古）；

第四等级为人口极稀区，人口密度＜ 1 人 / km^2（如格陵兰岛）。

世界上实际人口的分布是很不均匀的，人口密度较高的国家和地区主要集中于亚洲和欧洲。

我国人口分布大致呈现"东密西疏"的格局：东部人口稠密，平均人口密度超过每平方千米 400 人；西部地区人口稀少，每平方千米不足 10 人，密度最低的西藏每平方千米只有不到 3 人。1935 年我国著名地理学家胡焕庸提出的瑷珲（爱辉）—腾冲线是划分我国人口密度的对比线，至今 80 多年，仍是我国人口"东密西疏"的地理分界线。虽然 80 多年西部有些地区的人口也有增加，但基本格局未发生太大变化。

测度人口密度的指标还有"建筑面积人口密度"。它是指"建筑使用者数量与单个可使用建筑单位建筑面积的比率，以人口总量 / 建筑单位总建筑面积来计算，是评价建筑内部空间品质和拥挤状况的重要指标"。建筑面积人口密度越低代表单位个人拥有的建筑面积越多、空间越不拥挤；反之，则意味着单位个人处于狭窄拥挤的空间状态中。

（2）建筑密度

建筑密度的相关指标主要指影响建筑空间感知密度的指标，包括建筑容积率、建筑覆盖率、开放空间率、平均建筑层数[1]和建筑立面指标。

①建筑容积率：是总建筑面积与建筑所在用地面积的比值，是用来衡量用地开发强度的重要指标。高容积率通常伴随着高人口密度，场地内提供的建筑空间也大。从三维视角看，容积率表示的是建筑容量占据三维空间的多寡，并不受建筑覆盖率的影响，容积率高则意味着建筑物所占据三维环境处于高密度的状态。

②建筑覆盖率：指建设用地范围内所有建筑基底总面积之和与建设用地面积的比值，通常用百分比表示。该指标可以反映一定用地范围内的建筑密集程度、用地被建筑覆盖的比例状况，同时也相应表达出用地内已建用地与空地的关系（图底关系）。建筑覆盖率的大小并不能表达建筑容积率的高低，但可以反映出建筑物外部开放空间所占面积比例的大小，如道路、广场、绿地等。

③开放空间率：是建筑覆盖率的反向指标，因此也称为开放空间密度，是场地内开放空间占地面积占地块总用地面积的百分比。开放空间率与建筑覆盖率相关，二者的总和等于100%。

④平均建筑层数：随着建筑科技的日新月异和城市中人地矛盾的日益凸显，建筑层数几乎不受限于设计、材料与建设技术等。建筑层数的增加并不直接影响环境密度的高低。不同的建筑布局方式会产生不同的环境密度，即使在相同地块面积和相同总建筑面积的情况下也是这样（图2-1）。建筑向高空发展，楼层越多，高度越高，所占用地越小，能够形成越大的开放空间，建筑覆盖率就越低。

---

[1] 荷兰代尔夫特理工大学 M. Berghauser Pont 和 P. Haupt 教授在 2002 年出版的《空间伴侣：城市密度的空间逻辑》一书中提出这四项指标，建立评价密度与城市形态之间关联的图表"空间伴侣"，以及将四个参数相结合评价城市密度环境状态的图解方式。

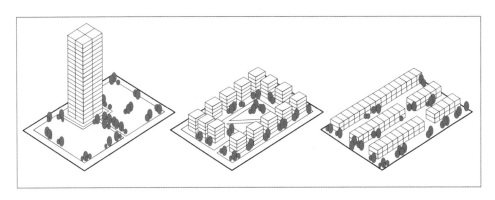

图 2-1　相同地块面积和相同总建筑面积的不同建筑布局示意图

（资料来源：作者自绘）

⑤建筑立面指标 [1]：建筑立面总表面积与总建筑面积的比值。该指标的大小不仅直接影响到建筑的造价，还表达着建筑与外部空间的联系，建筑立面指标数值越大，代表该建筑及其内部空间与外部空间联系机会越多，如更多的采光、通风等。

2. 城市高密度地区及其三层次

城市高密度地区暂时并无严格定义和统一划分标准，通常是城市的核心地区或中心地带，很多用地都有可能成为城市中的高密度地区，如 CBD（中央商务区）、商业区、金融商务区、行政办公区等，它们的共同特征是功能较为复杂、公共性和开放性较强、土地资源相对紧张、人流车流聚集。此外，许多居住区也是城市中的高密度地区。城市中的高密度环境并非都是经过规划设计而来的，事实上，大部分高密度地区是经过漫长发展形成的，因此，具有诸如街道狭窄、建筑密集、居民稠密、居住条件恶劣、环境质量差、噪声污染等特征。西方城市中由郊区化导致的城市衰退现象在我国还未出现，高密度城市中心还是具有极大的吸引力和最强的交通可达性，聚集了大量金融、商务、商业、办公及社会服务设施。

基于时空视角，在不进行城市拆迁等物质环境更新的情况下，城市高密度地区的建筑密度是固定不变的，其人口密度根据用地的功能职能差异发生有规律的昼夜

---

[1] 荷兰代尔夫特理工大学 Rudy Uytenhaak 教授在 2008 年出版的《城市充满空间》一书中，在关于建筑密度的四参数表示密度方法中引入了建筑立面指标的概念并阐述了五项建筑密度相关指标与建筑、城市形态的关系，以及五项指标之间的相互关联。

动态变化。图 2-2 是清华大学系统工程研究所根据 LBS（基于地理位置的服务，通过不同时点开启手机定位服务的人群反馈而实现）数据制作的上海市人口流动数据图（2014 年 10 月份某工作日，上海人口聚集度变化热力分布图）。城市中心地区如同一块巨型磁铁在白天吸引着人群涌入。从图中可以看出，上午大量人口从城市周边向城市中心地区涌入，在 10：00 人员涌入的速度达到高峰；下午市区中心人口已达到峰值，并没有大规模的人员流动，同时周边地带人口达到谷底，这说明周边是住宅集中区；傍晚下班时间人们开始由市区中心向周边迁移，在 18：00 前后人流量达到顶峰；在 18：00 和 20：00 时间点的图中人员流动的线条汇聚的地点有所差异，这意味着在下班以后人们具有不同的流动模式，例如有些人下班直接回家，有些人下班后逛街购物、参加娱乐活动等，晚些时候再回到住处。

另外，从图 2-2 中还可以看出，城市中密度的变化并无清晰的分界线，密度梯度属性明显。从空间尺度范围来看，城市高密度地区在地域空间上的覆盖范围可以划分为三个层级，即宏观的城市高密度中心区、中观的城市高密度街区（由三个或以上连续地块组成）和微观的城市高密度地块（建筑），三者关系如图 2-3 所示，是层级包含模式。三个层级城市高密度地区中的非住宅建筑，其人口密度白天以就业人口密度为准，如纽约曼哈顿的常住人口约为 150 万，而其提供了 200 多万就业岗位和机会。

城市高密度中心区通常是市中心，是城市金融、商务、商业、办公、大型社会服务设施的聚集地，对周边区域具有较强的吸引力和交通可达性。因其住宅用地昂贵的地价，以高档住宅为主，导致我国特大城市出现市中心高密度高档住宅与郊区低密度住宅共存现象，并且由于市中心地价的昂贵导致市中心更新的拆迁补偿成本较高，所以也存在市中心区域内高密度高档住宅与高密度老旧住区共存现象。

城市高密度中心区由若干个高密度街区所组成，高密度街区又由道路单侧连续三个及以上地块组成，或道路双侧连续两组及以上地块组成。高密度地块主要关注的是高密度的建筑群组和高密度建筑，综合前文分析，建筑层面高密度测度由建筑容积率、建筑覆盖率、平均建筑层数、开放空间率和建筑立面指标参考确定，高密度场所的测度标准通常是指同一时空维度聚集人数超过 50 人。

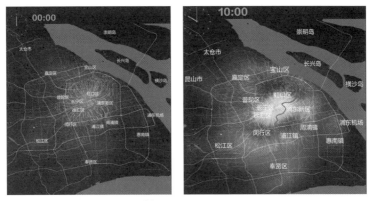

(a) 0:00、10:00

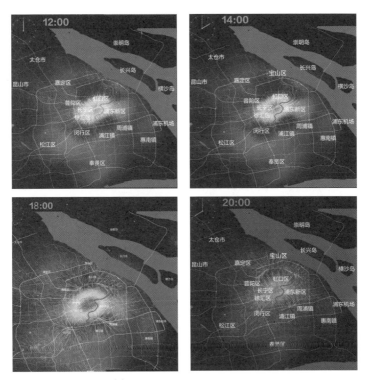

(b) 12:00、14:00、18:00、20:00

图 2-2 2014 年 10 月某日的上海人口聚集度变化热力分布图

(资料来源：张初夏．在城市高密度地区构建公园立体系统 [J]．中国园林，
2009（11）：89—92）

城市高密度中心区	• 具有较强吸引力, 聚集金融、商务、商业、办公、服务设施、住宅 • 高密度人口聚集 • 由若干高密度街区、地块所组成	城市级
城市高密度街区	• 道路单侧连续三个及以上地块 • 道路双侧连续两组及以上地块	街区级
城市高密度地块	• 建筑群组 • 建筑单体	地块级

图 2-3　城市高密度地区三层次关系示意

（资料来源：作者自绘）

2.2 城市能耗与城市节能

2.2.1 城市能耗

能源就像是城市的"血液"，为城市提供能量和动力以保障城市的正常运转，越发达的城市对能源的依赖度越高。研究能源在城市中的流通路线（图 2-4），为城市节能研究梳理能源消耗领域。城市为维持自身生活、工业生产、城市建设和城市交通等领域运转和发展所直接或间接消耗的能量（来自大自然的能源和现阶段暂未能描述的新能源产生的油、热、电等），就是城市能耗。城市能源消耗会带来大量的废弃物和二氧化碳，从而造成负面影响。

前些年我国处于工业化、城镇化快速发展时期，能源资源需求量和二氧化碳排放量迅速增长，仍存在着"能源结构不合理"且"人均少、需求大、效率低、浪费重"的多重问题。

在快速城镇化背景下，人口迅速向城市集聚，导致城市对能源的需求剧增。我国城市需要独自面对以下八大能耗问题：① 多数城市经济增长依赖传统制造业，其能耗构成主要以传统工业为主；② 绝大多数城市的电力供应以燃煤发电为主，能源禀赋高碳化；③ 以小汽车交通为导向（COD）的规划理念使绝大多数城市趋于蔓延式发展，交通管理策略错位，致使交通能耗迅猛增长；④ 城市规划中建筑能源规划缺位；⑤ 存在巨大的建筑能耗需求和诉求；⑥ 服务业发展水平低、居民消

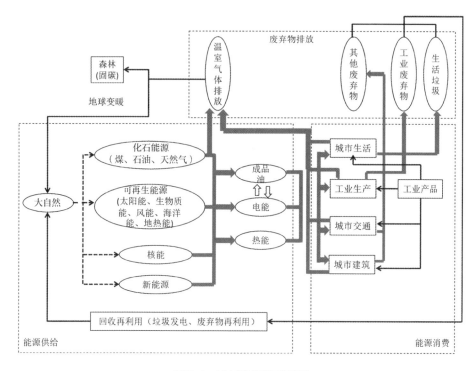

图 2-4 城市能源流通路线图

费水平低，使得建筑能耗相对值低、总量和高峰量大，伴随季节性冲击式用能负荷，造成能源供应安全威胁；⑦ 可再生能源因其高成本、低能量密度和低品位的特点，很难在"3H"（高层、高密度、高容积率）紧凑型城市的城市形态下应用；⑧ 建筑能源消费结构二元化，能源浪费和能源贫困并存，大浪费和小节约并存，低能耗和低环境品质并存。

2.2.2 城市节能

城市节能是一个广义的概念，其内在机制和影响要素系统涉及较广且错综复杂，简言之，在社会和环境可承受的条件下，针对"城市能耗"概念，采取技术可行、经济合理的有效措施，降低能耗、制止浪费，有效合理利用能源，减少环境污染。城市节能包含了和涉及了城市各个行业、领域的能源的"开源节流"问题，其策略、措施众多。研究节能需要先了解节能的理论基础。

（1）物理学基础

基于热力学第一定律，能量不会凭空产生和消失，虽然在开发、输配和使用中会被转换成不同的形式，但是能量只会传递并不会消失或减少。从城市发展角度来看，可以将城市内部的生产、发展看作城市系统的内部做功，内能的变化量由内部做功多少来衡量；将太阳辐射等对城市的光和热的作用看作热传递改变城市系统内能，内能的变化量由外界吸收／反射／释放的热量来衡量。事实上，城市这个复杂的巨系统是同时存在内部做功和外部热传递过程的，这就表明城市的生产与发展和能量的输入状况是节能的重要影响因素和物质基础。依据热力学第二定律的"熵"，能量从一个封闭的系统通过时，系统用于做功的能量会减少，即能量的品质在形式自发转换过程中持续降低。由此可见，城市节能不能只着重减少能源的使用数量，还应该考虑能源的品质，提高能源的使用效率，有效循环利用能源可利用的产物部分，将"消耗能源"进行"催化反馈设计"[1]。

（2）城市生态学基础

城市生态学是以城市生态系统为研究对象的一门学科，且城市是地球上人类活动最为密集的区域。城市是一个完整的生态系统，进入城市生态系统的能量最终都以热的形式散失，如图 2-5 所示。能源消耗所带来的环境恶化、污染等负外部性，对整个社会、生态造成损害。人与自然的关系演化过程就是环境问题的发展历史，可分为三阶段，如表 2-4 所示。

---

[1] "催化反馈设计"，即将垃圾作为生产资源并使能量在系统中保存尽可能长的时间，从而为充分利用能量品质提供有效途径。

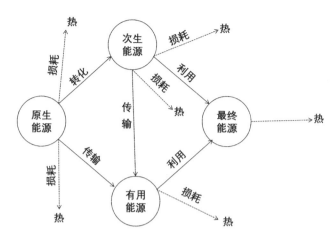

图 2-5　城市生态系统能量流动基本过程

（资料来源：洪雯，施美灵，夏露萍，等 . 建筑节能：绿色建筑对亚洲未来发展的重要性 [M]. 北京：中国
大百科全书出版社，2008：3）

表 2-4　人与自然关系演化简表

阶段	时期	人类活动	自然遭受影响	影响特点
生态环境的早期破坏	原始社会和农业社会	人类生产生活造成的烧荒、垦荒、兴修水利等改造工程	水土流失、土壤盐渍化等问题	局地、区域性
近代城市环境问题	工业革命到 20 世纪 80 年代	大规模机械化工业生产、农业现代化、通过技术手段开发和利用地球矿产资源等	生态破坏、土地退化、空气污染、水污染、汽车排气排放物污染、温室效应、热岛效应	高度城市化、跨区域的
当代环境问题	1984 年英国科学家首度证实南极上空出现臭氧洞至今	人类持续的工业化、城市化、跨区域发展	不利于人类生存和发展的现象出现，如全球变暖、酸雨、臭氧层破坏、生物多样性减少、海平面上升、海洋污染、荒漠化、水资源短缺、森林破坏等	全球性

资料来源：作者自制。

究其成因，概括有四：一是人类自身发展壮大；二是人类活动规模巨大；三是
生物地球化学循环的过程发生变化；四是受人类影响的自然过程不可逆改变或者恢
复缓慢。

要缓解和解决城市环境问题、保护环境，就需要基于城市生态学的理论基础，
综合考虑城市环境的影响因素、环境保护与污染，以及城市环境容量等。城市高密
度地区的生态节能设计首先要从宏观上确定城市的发展规模，以及城市中各活动的
容许限度，诸如密度、容积率和建设高度等；其次，要从城市环境的影响因素、环

境保护因子等角度进行城市高密度地区的中、微观生态节能设计。

（3）社会学基础

城市节能要遵循自然科学和技术科学的技术性"硬实力"，同时，由于能源的社会属性，还要服从社会科学的非技术性"软实力"。"软实力"探讨人、自然、环境三者的协调发展，以及能源资源可持续利用的策略、途径，主要包括能源的开发、消费与人类社会可持续发展的影响，人们的能源消费要求，非技术性节能管理等。

（4）经济学基础

能源的开发、利用和循环利用是经济活动重要的物质基础和组成部分。能源除了在建设发展产业化受高成本的经济影响，在能源服务过程中也受消费市场机制影响。另外，能源消费造成污染和损害等负外部性，需要高修复成本。在市场经济条件下，能源节约与开发完全不同。据世界银行统计研究，在节能潜力方面，市场力量的贡献率仅占 20%，实践经验表明，节能同环保一样，政府必须起主导作用。

2.3 城市高密度研究和生态节能研究综述

2.3.1 城市高密度研究状况

1. 国外城市高密度发展研究

1922 年，勒·柯布西耶通过对城市发展规律和城市社会问题的研究，提出了"现代城市"设想，这是一种通过建造高层建筑向高空谋求更多发展空间的城市规划理论。在城市人口激增、城市化率不断攀升、土地紧缺的背景下，"现代城市"以垂直组合住宅的方式印证了高密度居住的重要理论：占用较小的地面空间，设想此区域有 300 万居民，设定市中心人口密度 3000 人 / hm^2，布置 24 幢 60 层的摩天办公楼；中心区南北两侧的住宅区人口密度约为每公顷 300 人 [1]。其

---

[1] 勒·柯布西耶. 明日之城市 [M]. 李浩，译. 北京：中国建筑工业出版社，2009.

主要特征是"三高一低"，即高建筑高度、高开敞空间、高绿地率和低建筑密度。1931年，柯布西耶又提出"光辉城市"，也体现了高密度集中发展的理念，一座拥有12 000居民的"光辉城市"占用土地面积60英亩[1]，而同等人口条件，田园城市需要300英亩，是"光辉城市"的五倍[2]。柯布西耶的高密度设计实践代表作为印度昌迪加尔规划与法国马赛公寓。

荷兰素有"低地之国"和"欧洲的高密度城市"的称号，因其地势低，全境土地一半以上低于或几乎水平于海平面，是人口密度较高的国家。因此，高密度研究是荷兰规划和建筑学者的重要课题。建筑师雷姆·库哈斯在《癫狂的纽约——给曼哈顿补写的宣言》和《小、中、大、特大》（S, M, L, XL）中提出，随着科技和信息技术的发展，整个社会的发展速度加快，时空的关系被重置，引发城市结构改变，呈现多功能复合交织的密集状态，库哈斯称赞这种"拥挤文化"是大都会的魅力所在，并探究城市高密度空间特征和建筑类型。在实践方面，库哈斯主持设计的北京中央电视台总部大楼是"向重力挑战""向空中寻求空间"的典型案例。另外，荷兰的MVRDV也是研究高密度的重要团队，其提出"在极致状态下，任何要求、规则或者逻辑都以纯粹和不可预见的形式显示出来，超越于艺术的直觉和已知的几何形体"。还有城市密度设计、最大容积率、数据景观、三维城市等理论研究成果。

新加坡也是众所周知的超高密度国家，其总面积728.6 km²，人口568.6万（2021年），人口密度为7804人/km²。土地资源有限、没有腹地、人口众多是新加坡发展的约束条件，因此新加坡的城市发展并没有采取无序蔓延的模式，其采用高效利用土地资源、积极地保证各种规模绿化地块的数量和空间分布的策略。在已开发的23个高密度新镇中，普遍采用高层高密度建筑建设布局：10~25层的高层住宅楼高密度布置（密度为150~250户/hm²），容积率为2.8~3.5。后来也建了许多30~40层点式住宅[3]。例如，新加坡中心区的西南边缘的"达士岭"组屋始建于2001年，是新

---

[1] 1英亩≈4047 m²。

[2] 勒·柯布西耶. 人类三大聚居地规划[M]. 刘佳燕，译. 北京：中国建筑工业出版社，2009.

[3] 王茂林. 新加坡新镇规划及其启示[J]. 城市规划，2009, 33（8）：43-51.

加坡第一次通过国际建筑设计竞赛来征集方案的公共住宅开发项目，由 ARC Studio Architecture + Urbanism 中标，总用地面积 2.51hm²，总建筑面积 23 万 m²，由 7 栋 51 层住宅楼组成，容积率 9.28。住宅楼沿不规整的用地边界曲折布局，最大限度地留出开放空间。开放空间还充当火灾避难区，允许机械服务可持续共享。由连接天桥为可以由一个单一的维护建设单位服务的整个开发项目创造了无缝连接。"达士岭"组屋整个建筑的外表面是郁郁葱葱的环境甲板，连接与现有的城市网络组合形成的城市绿肺。

2.我国城市高密度发展研究

在我国，北京、上海、香港等城市的平均密度都很高。夏威夷大学教授缪朴针对中国高密度环境中的城市提出了六条设计准则，即点式空间宜小而多、绿化宜硬地花园、建筑和开放空间宜层叠而非单一使用、需要严格的空间界限、需要多层商业街边界、需要城市边界的绿化地标志。高蓉、杨昌鸣探讨了高密度地区公共空间整治，提出包括珍视历史文脉、提高空间效率、创造小尺度空间、提倡柔韧适度的公共空间和重视第三轮廓线的五方面整治对策。董春方在分析高密度环境优势和潜能的基础上提出了高密度建筑学策略（图 2-6）。

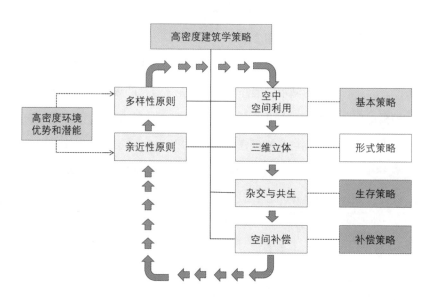

图 2-6 高密度建筑学策略关系图

（资料来源：董春方 . 高密度建筑学 [M]. 北京：中国建筑工业出版社，2012：16）

刘滨谊、余畅等探讨了高密度城市中心区街道绿地景观规划设计的方法。陈昌勇论述了空间"驳接"的可行性,并提出通过空间"驳接"的具体操作方法改善高密度居住环境,实现居住区公共空间的一体化,并建立了"提高居住密度几种方法的效能"的比较分析数学模型,提出提高居住密度应分区对待、防止密度过高等要点。

汪璞卿基于类型学视角将城市高密度地区分为三种类型(高密度城市中心区、高密度城市核心区和高密度城市非中心区),并提出高密度城市环境优化策略。赵勇伟分析了我国城市高密度发展的趋势和背景,提出缩微化城市设计策略及具体运用手法。张初夏研究西方城市公园的立体系统,结合其自身的设计探索,分析并总结出高密度地区公园立体系统的景观特点、设计方法和理念冲突等。李明杰、钱乐祥、吴志峰等选取了广州市海珠区四个年份的 Landsat 影像数据,结合归一化光谱混合分析(NSMA)模型,辅以单窗算法反演地表温度(LST)数据,研究高密度城区范围。童心、王小凡研究了密度和知觉密度的关系,归纳影响知觉密度的因素,提出了高密度环境下城市公共空间设计策略。

2.3.2 城市生态节能研究状况

1. 国外研究现状

(1)城市生态节能相关的理论研究

随着 20 世纪八九十年代能源消耗持续升高、城市规模扩大、郊区化蔓延、生活环境不断恶化等一系列问题的出现,许多与城市形态发展相关的理论被提出。新城市主义也称新都市主义,起源于 20 世纪 80 年代的城市规划设计理论,针对郊区无序蔓延带来的城市问题,主张塑造紧凑社区;提倡高密度的都市生活模式,创造和重建丰富多样的、适于步行的、紧凑的、混合使用的社区,其精髓是满足人们高度利用空间资源的同时充分顾及人与自然、社会的和谐。1997 年美国提出的精明增长,是在土地资源有限的条件下,寻求摆脱城市蔓延的经济发展与增长之路。其核心内容是:用足城市存量空间,减少盲目扩张;倡导土地功能混合利用、密集型布局和设计,减少基础设施、房屋建设和施工成本,鼓励公众参与;创造紧凑布局、适宜步行、公交导向的新城市。

国外学者还对高密度城区与环境可持续性开展了众多研究。澳大利亚学者彼得·牛顿（Peter Newton）运用"土地、交通、环境"一体化模型分析研究了墨尔本城市形态与环境指数的关系，提出城市形态的集中策略可提升城市整体环境效益。玛丽娜·艾伯蒂（Marina Alberty）提出应最大限度地保持、维护城市中小块自然土地间的有机联系，以维护城市的生态环境系统。还有学者认为"密集策略"产生三方面的环境影响，即减少了城市绿色空间、对居住区环境产生负面影响以及降低街道等公共环境质量，同时认为可以公共空间控制负面影响。

纽约城市规划（Plan NYC）提出通过土地、交通运输、能源等方面的策略改善城市环境。"芝加哥气候行动计划"提出应对气候变化的"适应方案"（降低城市热岛效应并蓄积雨水）和"减缓方案"（减少建筑制冷需求，提高建筑能效），例如清洁和可再生能源的推广、建筑节能改造、建设绿色屋顶、鼓励公共交通，以及减少垃圾和工业污染。此外，许多国家制定了城市气候图以辅助规划决策。

（2）生态节能技术的相关研究

节能技术通常是指能够降低能耗的所有技术。城市中各高耗能领域、行业都不同程度地发展甚至完备整套节能技术。欧美国家和地区的节能技术研究主要集中在工业生产、能源利用、交通和建筑等领域，但这些国家和地区各自从行业自身特点出发，节能对象、原理、手段大相径庭，目前还没有形成整体性的研究对象。总体来看，除节能目标以外，各领域各行业节能技术基本无共同点，属于独立行业技术。因此，节能技术通常是一个广义的概念，并不是一个具体的技术类型。欧盟对可持续能源系统的研究已基本形成了太阳能光电、集中太阳能、风能、地热能、海洋能、燃料电池、氢气、能源储存和分散式发电九大系统。交通节能技术方面，欧盟研究与发展了交通燃料效率、道路光伏发电、交通设备与交通运行控制等研究主题。建筑节能方面，在欧盟智慧能源计划支持下节能技术已基本涉及建筑的各组成部分，"高效低能耗建筑"项目被划分为太阳能控制、供热、制冷、采光、隔热、通风、材料、可再生能源、热电联产和雨水利用十大类。

总体而言，不同领域、行业的节能技术研究均有发展，但是，它们尚未从城市整体层面来认识这些技术的内在联系，缺乏技术与城市之间以及技术相互之间的关联性研究。

2. 我国研究状况

（1）区域能源利用和城市工业方面

沈清基从城市规划的角度探讨了中国城市能源利用的数量特征和其他特征，分析了发达国家城市能源的利用情况，提出了中国城市能源可持续发展的若干建议。杨秀、魏庆芃等提出了适合我国国情的建筑分类方法和建筑终端能源消耗统计方法，并给出较为准确的建筑能耗数据。程创以上海市为例，定量分析了居民用电对城市节能目标的影响程度，并提出减弱和消除其不利影响的可行措施。肖荣波、艾勇军等分析了欧洲城市节能规划管理实践，思考我国城乡规划过程中的节能途径，强调城乡节能的国家能源战略地位，提出城乡统筹的区域能源发展规划和低碳化社区能源规划等节能策略。袁继良、许小良介绍了20kV电压等级在世界发达国家和国内的实际运用和研究，并对该电压等级（作为中压配电电压）与10kV系统的电网运行损耗、电网建设土地占用、物资消耗等进行了分析比较，提出将中压配电电压升压为20kV是目前我国城市节能低耗电网建设的一个发展方向。宋立新采集了城市重点区域能耗和污染数据，建立了城市能耗和污染排放指标的动态智能监测及发布系统。李伟、张广振等运用DEA模型进行吉林省大中城市的节能潜力分析，针对能源效率相对落后的城市，从技术进步、挖掘节能潜力和扩大工业产业规模的角度，提出了提升节能潜力及提高能源效率的对策建议。任洪波、吴琼、高伟俊介绍了区域能源利用的概念与内涵和区域能源利用的几种主要模式，提出了区域能源系统实施案例，并指出区域能源利用的优越性、存在的问题及应对措施。

（2）城市交通节能方面

庄宇、宋菊芳等建立了"减少交通量的城市空间节能结构"，提出"分散的集中、功能的混合、可步行城市和以公共交通为导向的发展模式"四大策略。岳睿研究了我国城市交通能耗和污染状况，基于经济学视角分析了节能减排政策，结合当前城市节能现状，指出城市交通节能减排所出现的问题并提出建议。陈莎分析了公共交通节能减排的政策动向及新能源技术的经济特性，并提出公共交通节能建议。

（3）建筑单体节能向城市节能发展趋势方面

王先琦提出提高住宅用能的利用率是城市节能的重要方向。1997年林森在《人民日报》上发表《城市节能的重要方向：建筑节能》一文，提出建筑节能始终是许多国家城市节能的重要方向并成绩显著，分别介绍了美国、英国、瑞典及日本的建筑节能策略。卢求在节约型城市创新发展论坛上介绍了生态节能高科技在住宅中的应用，提出了"重视生态环境形象设计、降低能耗设计和提高室内健康舒适性"的写字楼生态高科技发展趋势。尹力、王松华分析了部分国家的先进经验与节能降耗的方法措施。张瑛、李海婴从建设城市快速公交、节约照明用电、采用污水污泥生活垃圾处理新技术、利用自然清洁能源、建设时空园林绿化、应用城市用水新技术、利用燃气新技术、采用城市供热采暖和开展建筑节能九个方面探讨了我国城市节能战略措施。李汉章介绍了欧盟国家建筑节能技术措施和类型。王文骏以德国 2002年颁布《能源节约法》后的城市节能住宅设计为研究对象，阐释了其设计背景、条件、类型等，分析了其节能手段和城市设计意图，并总结出德国城市节能住宅的特点、趋势及其对中国节能住宅设计的启示。冒亚龙、何镜堂应用生态学、建筑学、可持续发展与城市设计理论，采取图解分析和比较的方法探讨了结合气候的生态城市设计理念与策略，提出了基于气候的生态城市节能设计准则、方法及策略，阐述了结合地域气候的城市布局、省地节能的竖向设计、自然通风与防风、应变气候的可调节空间设计和热缓冲过渡城市空间的营造等设计策略。徐小东研究总结了在城市空间层面上，不同空间层次、不同气候条件下，基于生物气候条件的绿色城市设计的可能性及策略和方法。杨柳在对我国气候条件的分析基础上，选取有典型气候特征的 18 个城市，对室外气候条件与热舒适关系进行了定量分析，在分析被动式设计边界气候条件的基础上，从建筑群体关系、单体设计、局部构造三个层次讨论了各设计分区技术策略的技术要点，包括布局、朝向、间距、太阳能采暖、建筑蓄热降温、自然通风等。

刘艳丽、谢华生等以瑞典哈马碧滨水新城和中新天津生态城为例，分析了两者在交通节能、建筑节能以及能源供给系统方面的经验及达到的效果。孔德静、王鹤从城市空间要素的角度分析和设计城市与建筑的生态节能性，并提出与道路、边界、区域、节点和标志物相关的生态节能措施。高奎杰从城市规划角度，指出影响城市节能减排的诸主要因素，并提出城市规划中减少这些因素对城市节能减排的负面影响的策略。

同济大学的龙惟定教授及其团队根据中国城市能耗特点，提出城市节能需要从城市或城区层面统筹协调，将城市能耗划分为产业、交通、建筑三领域，提出了城市节能的关键性能指标；并提出紧凑型、集约型和混合型的空间形态，节能型的城市基础设施（能源总线系统），城市气候设计，以及以节能为基础的若干规划理念。

滕飞、刘毅、金凤君分析了2010年61个特大城市能耗的空间分布特点，并利用D氏数指分解法对1996年至2010年32个特大城市的能耗变化进行因素分解分析，指出低碳型的生活方式和紧凑型空间是城市节能的有效措施。王纪武、葛丹东分析了不同空间尺度下规划与能耗的关系，提出中观街区尺度的以节能为目标导向的城市设计内容。此外，王纪武、李王鸣等根据城市控制性详细规划指标的节能相关性分析，得到"高层住宅比是城市住区能耗的影响因子"的初步判断，以杭州市为例做实证研究，指出高层住宅比的确是城市住区能耗的影响因子，提出将高层住宅比纳入城市住区节能的控规指标体系。柴志贤提出人口密度与城市人均碳排放成"U"形关系，且不同地域城市的密度效应、发展水平与碳排放呈不同模式特征，北方城市人口密度提升更有利于降低城市碳排放。程杰、郝斌等研究了建筑单体节能向城市节能的横向发展，提出了建筑节能发展模式。顾震弘、韩冬青、罗纳德·维纳斯坦分析了节能建筑与节能城市的趋势，探讨了城市规划与城市节能的关系，以及现有城市节能研究，提出了通过城市空间规划降低能耗的策略。杨沛儒提出一种基于绩效评估的生态规划工具，即生态容积率（EAR），用来测算城市环境的能源与碳排放，探讨城市在新开发过程中如何通过减少城市环境碳排放来应对城市密度增长的问题。王婷、曾坚提出了高密度环境城市色彩的节能潜力和效用。

（1）构建指标体系方面

吴国华、闫淑萍建立了城市节能评价指标体系和评价模型，包括工业、建筑、交通、生活消费四个领域三个层次共二十七个指标，并做实证研究，指出其中工业节能效果高于建筑、交通、生活消费三个领域。姬凌云建立了反映欧盟节能技术发展状况的建筑节能技术类型体系，提出欧盟国家建筑节能技术对我国城市建设、实现节能目标的意义。蔺雪峰、孙晓峰从绿色建筑产生的背景和发展现状入手，提出目前绿色建筑发展存在的问题，分析预测了绿色建筑未来的发展趋势，并从实施路径、标准体系、法律法规体系、政策体系、管理体系、产业平台建设等方面提出一套绿色建筑的实施方法和保障体系。林春构建了城市节能指标体系，包括单位城市生产总值能耗、单位工业增加值能耗、用水量和二氧化碳排放强度。朱斌、姚琴琴从绿色环境、绿色发展、绿色资源、绿色社会、绿色管理五个方面构建绿色城市发展的系统评价体系，引入熵值法改进的灰局势决策模型，并以福建省及其九大设区市为例进行综合评价，提出了发展思路。蔡凌曦、范莉莉等运用内容分析法，研究确定城市节能减排政策的特征类目及其定义，进行分类编码和统计，并通过收集和整理大量节能减排研究成果，分析提炼出针对城市节能减排政策的"经济增长、结构调整和创新发展"三维度，建立了城市节能减排政策法规事前评价 ESI 模型及指标体系；此外，他们将模糊评价方法和 BP 神经网络结合起来，建立了基于专家评价结果的 BP（反向传播）神经网络评价方式。

（5）节能政策和管理以及园林绿化节能方面

李连龙、韩丽莉等分析了北京市屋顶绿化现状，总结了屋顶绿化的建造技术，提出屋顶绿化在改善城市生态环境和节能减排方面的作用。仇保兴提出了我国建筑节能的主要障碍和基本对策，并指出要充分认识建设节约型园林绿化的重要意义和深刻理解节约型城市园林绿化的内涵，提出建设节约型园林绿化的若干建议。胡若愚介绍了芝加哥市市政厅屋顶花园及其环保节能的功效。宋国君等阐述了节能减碳规划的内涵及一般模式，分析了信息公开手段在节能管理中的应用，提出城市能效标杆体系制定的一般方法。潘晓东、刘学敏基于实地调研，指出我国城市节能减排所面临的制度性障碍，提出在城市规划中要适度反"功能区"的传统，实现结构的调整和优化。

（6）数字技术、软件模拟方面

姜益强、张志强等运用全能耗模拟软件 EnergyPlus 对北京等城市节能办公建筑的逐时冷热负荷进行了模拟，得出了不同外墙传热系数、建筑朝向和过渡季节通风换气次数等对室内全年负荷的影响，指出从节能角度讲外墙传热系数存在合适值而不应盲目减小、既定建筑物存在最佳朝向、过渡季节通风可消除室内多余的热量，但实际应用中应因地而异。吴志强、申硕璞等创建了一个从宏观角度确定节能方向的施用平台，可以选择、组织和集成各项具体技术，以及指导不同项目的节能设计。曹斌、林剑艺等应用 LEAP 模型进行厦门市城市节能减排潜力情景分析，并详细分析各种控制情景和各部门的节能减排贡献率。洪亮平、余庄等分析了夏热冬冷地区气候特征、城市热岛效应、城市环境与城市能耗，提出了城市广义通风道的概念及其构成，借助计算机城市风场模拟等实验手段分析了大尺度、复合型城市通风道利用自然风和水体绿化的传输、蒸散功能，并以武汉为例做实证研究。冯悦怡、张力小以北京市为例，通过构建 LEAP 模型分析基准（BAU）、政策（BP）和低碳（LC）三种不同情景下 2007 年至 2030 年北京市能源需求、能源结构和碳排放的发展趋势，研究结果显示工业部门在政策情景和低碳情景下节能减排贡献率均最高，建筑和交通运输部门将在北京未来低碳道路上发挥出巨大潜力。

另外，于灏、张贤等也以北京市为例，应用 LEAP 模型，设定基准情景和政策情景，分析了四个基本职能部门的能源需求和二氧化碳减排情况，指出政策情景下的能源消费总量、二氧化碳排放量以及人均二氧化碳排放量都比基准情景下的有大幅度下降，并且交通和建筑两方面子情景的节能效率较高。张辉、王沛以武汉市为例，利用 CFD（计算流体力学）的仿真模拟分析了城区内的环境状况，提出针对现状的改善城市热环境状况的节能措施。姜永东所在的团队推出"智慧能源云"平台，为建筑单体、建筑群组和跨区域建筑群落提供能源管控和优化方案。

寒冷气候城市高密度地区
能耗复杂性分析

3.1 寒冷气候城市高密度地区能耗现状

3.1.1 能源需求与能源结构的矛盾

1. 城市高密度地区采暖能源需求

城市的能源消耗主要集中在产业、建筑和交通三大领域，包括生产性能耗和消费性能耗。在寒冷气候条件下的城市高密度地区能源需求主要来自第三产业、建筑和交通，即以消费性能耗为主，生产性能耗主要为第三产业的生产所需要的能源消费。寒冷气候城市高密度地区相对于其他气候地区突出的能源消耗领域便是冬季采暖。

在高纬度地区或寒冷及严寒地区，取暖是冬季人们生存、生活的最基本需求，所需的能耗及其碳排放量随着气候的寒冷程度而呈现差异。寒冷气候条件下的城市高密度地区，因其人口的聚集、功能的复合、产业的高水平要求等特征，其冬季采暖耗能需求必然非常之高。从表 3-1 可以看出，我国的采暖负荷要高于德国，并且我国建筑围护结构热工性能最薄弱的环节是窗。

表 3-1 我国与德国建筑围护结构热工性能对比

围护结构		德国 EnEV2004	中国				
			北京			哈尔滨	
			20 世纪 80 年代	1995 年节能标准	2004 年北京 65% 标准	20 世纪 80 年代	1995 年节能标准
屋顶	坡屋顶 平屋顶	0.30 0.25	0.91	0.60	≥ 4 层，0.60 ≤ 3 层，0.45	0.64	0.30
外墙	内保温 外保温	0.45 0.35	1.28	0.82	≥ 4 层，0.60 ≤ 3 层，0.45	0.73	0.40
窗户		1.70	6.40	4.00	2.80	3.26	2.50

资料来源：龙惟定. 我国建筑节能现状分析 [C]// 全国暖通空调制冷 2008 年学术年会论文集. 暖通空调，2008：457-460.

2. 城市高密度地区基础设施负荷超载

（1）基础设施投资难以满足人口增长的需求

城市高密度地区，人口净流入的比例随着城市化率的增长持续上升，即使不断加大基础设施建设的力度，也远不能满足各类承载对象的需求。公共服务业、能源资源、邮政电信、道路交通等领域的投资也基本呈逐年增长态势，但也远不及人口增长的速度，造成环境、能源、资源、交通等基础设施建设不足以支撑人口增长。

（2）分布不均衡，超载严重

从经济学角度来看，为了让公共工程设施有效地运转起来，需要保持一个最小使用量，因此，把人口集中在一定的区域里，形成高人口密度，能够比较高效率地发挥出基础设施系统的承载能力。但是在公共服务设施方面，教育、医院、体育文化等设施的过度集中，会使人口迁移趋向这些设施，就会从客观上进一步加剧了人口膨胀、交通拥堵压力巨大、基础设施超载等问题，进而降低它们的服务质量，因此城市高密度发展必须有效协调基础设施建设。否则，即使加大力度建设基础设施，也不能有效地解决或缓解基础设施超载的问题，不能实现基本公共服务均等化，而基础设施超载严重则会直接导致城市病问题进一步恶化。另外，基于节地发展原则，城市需要理智扩地，高层建筑不断拔地而起，消防、冷热水供应、集中散热系统用水等因提高水压而面临的费用和电力等消耗也同样巨大。

（3）能源环保设施建设不足

城市规模不断扩大，产业集聚，人口膨胀，导致能源消费总量不断攀升，能源环保设施建设与人口增长速度不成比例，能源环保设施运行效果不够理想。我国一些城市在低碳绿色能源、环保设施建设上投入力度还不够，如对太阳能、风能、地热能等新能源设施建设程度不够，致使低碳绿色能源设施在转变能源消费结构和消费方式的转型中没有发挥应有的作用。

3.1.2 交通能耗现状

人口快速增长造成出行需求增加。交通行业能耗比例较大且增长迅速，城市交通系统中，各种交通方式的单位能耗差异显著。据有关专家测算，自行车的能耗为0，小汽车的能耗最高。如表 3-2 所示，人们对于不同交通工具的使用所需支付的费用与其运营中所产生的成本 [1] 的比例存在巨大差异。城市高密度地区人流、物流聚集，各式交通方式都存在，交通运输量占全市运输总量的比例较高，交通能耗量巨大。

---

[1] 包括环境污染成本、拥堵时间成本、资源占用成本等。

表 3-2　各交通工具使用者实际支付费用与运营总成本比例

序号	交通方式	实际支付费用/运营总成本	序号	交通方式	实际支付费用/运营总成本
1	步行	100%	5	出租车	47.8%
2	自行车	96.6%	6	公交车	81.6%
3	摩托车	34.8%	7	地铁	99.7%
4	小汽车	59.6%			

资料来源：张学孔，郭瑜坚. 都市旅次总成本模式构建之研究 [J]. 运输计划季刊，2007，36（2）：147-182.

3.1.3 环境失衡的能耗问题

1. 城市"五岛效应"

城市高密度地区第三产业高密度发展、人口和建筑高密度聚集，无论生产性能耗还是消费性能耗都很高，有大量的温室气体排放，城市"五岛效应"现象严重。

（1）城市热岛与干岛

城市热岛效应是众所周知的一种城市化后果，当城市降温率小于乡村的降温率时，就产生了城市热岛效应。会引起城乡气温差异的因素有很多：① 城市与周边乡村地区相比，在开发中所使用建筑材料的热性质和反射性质不同，导致城市表面比乡村表面能够吸收和储存更多的太阳能。城市有较多的水泥地面，致使城市热容量增加，水泥地面能够储存白天吸收的热量，晚上再把这些热量释放出来，因此，城市化对气温的影响主要表现在日最低气温，而不是日最高温度上。② 城市高密度地区集中的能源使用使温度升高，诸如空调、交通工具运行。③ 密集开发降低了风速和抑制了对流降温，例如，高层、超高层建筑物影响长波辐射热在晚上的释放；建筑的增加也提高了地表粗糙度，降低近地面风速，使通风不畅。

城市干岛效应通常是与热岛效应同时存在的。由于城市地面多为连片不透水下垫面，缺乏土壤、植被等所具有的吸收和保蓄能力，降水无法下渗，形成地表径流，使城市近地面水分少，形成干岛。城市干岛因大气相对湿度较低，大气稳定度提高，底部大气不易与高层发生对流，城市污染物集中于城市下垫面区域，造成持续的大气污染，对人体造成危害。而且，由于蒸发量减少，水蒸发带走的潜热减少，形成城市大气热岛，加剧城市热污染。

（2）城市浑浊岛

城镇化导致气候变化，气候变化又反作用于城市而产生的另一种可见现象，即浑浊的天空。近些年来，持续困扰城市居民并日渐得到居民关注的天气现象便是雾霾。由于城市大气中的污染物质比郊区多，凝结核也多，城市里的人类活动又掀起多种悬浮颗粒物，城市的日照时数减少，大大削弱太阳直接辐射，从而导致天空浑浊起来，使城市的能见度也小于郊区，形成城市浑浊岛。

在城市高密度地区，导致城市浑浊岛的污染物质有很多，除城市本身大规模能源消费产生的污染物质外，自然灰尘、燃烧释放物（如汽车排气排放物、厨房和发电站燃烧释放物），经过光化学过程都会增加空气中凝结核浓度，导致浑浊度增加、云量增加，从而减少太阳辐射到达地面的数量（图3-1），造成城市高密度地区的标准阴天日数远比郊区要多。城市大气中污染物较多，减弱直接辐射、增强城市的散射辐射，因此城市高密度地区浑浊度明显大于郊区。同时，太阳辐射对建筑物照射的减少，致使灭杀对人体有害细菌的能力降低，从而严重影响城市居民的生活状况及身体健康。

（3）城市湿岛与雨岛

城市对大气湿度的影响比较复杂。当水汽凝结成露时，因市区温度较高，凝露量小，城市地区近地面平均水汽压高于同时刻的郊区，就会出现明显的城市湿岛效应。但是因为有的城市还同时存在干岛效应，所以水汽压会比纯粹只有湿岛效应的城市低一些，导致湿岛效应有所削弱。欧美许多城市在暖季会出现城市干岛与城市湿岛效应昼夜交替的现象。湿岛效应会在特殊气象条件下出现，如雨天、雾天、雪天、结霜天气等。

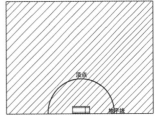

图3-1　云量对太阳辐射到达地面的影响
（资料来源：作者自绘）

城市高密度地区通常高楼林立，缺乏有效的空气循环流通空间，汽车排气排放物致使城市上空形成热气流，并越积越厚，最终导致降水，在盛夏时节，空调的使用会加重和加速这种过程，极易形成局地暴雨，从而形成城市雨岛效应。城市雨岛通常会诱使暴雨最大强度的落点位于市区及其下风方向。城市雨岛效应多出现在汛期和暴雨时，极易形成积水甚至内涝。

2. 环境问题带来的能耗影响

快速城镇化的时代，高层建筑组团已经推进到原先的乡村地区，越来越多的土地被硬质地面所覆盖，人口以及人均能源消费量增加，城市释放出更多的废气和微粒，从而影响城市上空的大气层。

美国国家航空航天局（NASA）戈达德空间研究所詹姆斯·汉森（James Hansen）等科学家们研究全球气候变化，指出："如果人类希望保留人类文明发展以来所依赖的那个地球，地球生命所适应的那个地球，古气候的证据和正在发生的气候变化表明，我们需要把大气中的二氧化碳含量从 385 ppm [1] 减至 355 ppm。实现这个目标的最大的不确定性产生于非二氧化碳因子的可能变化。除非能够收集二氧化碳，否则不再使用煤，发展农业和林业来封存二氧化碳，这些方式有可能把大气中二氧化碳含量保持在 350 ppm 的水平。如果不能很快地实现这个目标的话，的确存在不可逆转的灾难性后果"。

3.1.4 伪生态绿色外衣的能耗代价

近些年，"宜居城市""低碳城市""生态城市""山水田园城市"等诸多理念成为不少地区或城市城镇化建设的闪亮招牌，但是从建设实践来看，已有部分地区或城市误入歧途，被"宽马路大广场、珍稀树木人工湖、人造水景大草坪"等"宜居城市"不可或缺的元素带偏轨道。从表象来看，大片绿色似乎真的美化了城市景观，但就整个城市发展或地区大环境而言，这样的建设行为造成了许多浪费，是为了"视觉效果"而盲目建设、功利发展，不但没有真正"生态"，甚至反而对"生态"造成

---

[1] 1ppm 等于 10^{-6} 数量级。

不可逆的破坏。

城市伪生态建设还有一个明显的表现就是，不注重本地物种、本地材料，圆孔方木式地进行生态移植。在城市高密度地区，因为物质形态的高密度发展，要治理和改善环境，必须进行生态建设。但是很多城市盲目地追求视觉景观或为了道路扩建，从外地购买和移植并不适应当地水土、气候的珍稀植物或成龄树木，但因生态环境和气候条件的差异，这些植物成活率并不高，轻则因不适合生长浪费珍稀植物，重则导致严重的城市生态环境破坏。例如，在道路建设中移栽不适应当地气候、水土的树种，效果也只不过是昙花一现，并不能取得长期理想的效果，这是伪生态的典型表现。正如东北师范大学城市与环境科学学院吴正方教授所述，一个物种的生存是千万年自然选择的结果，因此城市生态建设要与其所在生态环境相协调，使用本地物种，成本低且成活率高。

除此之外，城市生态建设还要注重本地材料的应用，否则会失掉生态的意义。例如有些北方寒冷气候条件下的城市在修建广场时喜欢用大理石（图3-2），不仅造价高，而且大理石面在冬季会因积雪变得很滑，非常不便于行走，使得广场失去了它本该有的意义。倘若采用个体稍大的石子直接铺就，成本降低了许多，防滑透水，还给人以回归自然的感觉。

水，是人类生命的源泉，人类的生存生产生活都离不开水，水源自大自然，兼具静的平和与动的喧嚣，人类亲水是与生俱来的。在城市建设与住宅区设计中，水景设计都是重要的组成部分。但是正因为人类对水的喜好和偏爱，水景的塑造也容易披上伪生态的外衣，比如干旱半干旱区的城市人造水景，就很令人担忧，而这种水景伪生态倾向在许多城市住宅区都存在。

随着城镇化的快速推进，"伪生态建设"在城市建设中大有市场，因此，要全面正确地理解生态建设的含义，对生态城市有清晰准确的认知，从城市生态建设的错误中吸

图3-2 寒冷气候区居住小区的大理石铺地
（资料来源：作者拍摄）

取教训，建立科学有效的城市生态评价体系，从自然生态系统、经济生态系统和社会生态系统三方面全方位地促进城市与环境协调发展。

城市生态绿化建设的初衷是保护城市环境，发挥城市绿化净化空气、保持水体和土壤、改善城市小气候、降低城市噪声、安全防护、美化城市的作用。植被可以吸收二氧化碳、释放氧气，可以吸收太阳辐射热，降低气温，调节湿度。有研究表明，当夏季城市气温为 27.5 ℃时，草坪表面温度为 22~24.5 ℃，比裸露地面低 6~7 ℃，林荫下的气温较无绿地低 3~5 ℃，比柏油路面低 8~20.5 ℃，而较建筑物地区可低 10 ℃ 左右。茂密树木可以阻挡 50%~90 % 的太阳辐射热直接进入建筑室内，并且遮挡建筑墙面，使墙面所受太阳辐射热是没有绿化遮挡的 1/15~1/4，从而可以减少夏季室内空调使用的能源消耗。另外，植物借助叶面的蒸腾作用可以蒸腾掉从根部所吸入水分的 99.8 %，一般就湿度而言，城市的湿度比森林低 36 %，市区中高密度地区的湿度比公园低 27 %，甚至更多。因此，减少伪生态不仅可以降低建设成本，还可以减少大量的不必要能源资源的消耗。

3.1.5 物质环境能耗现状

自 1883 年美国芝加哥建成第一座高层建筑——人寿保险公司大厦以来，伴随着工业革命、经济发展和城市化进程，高层建筑在世界各地犹如雨后春笋般涌现。根据世界超高层建筑学会的标准，300 m 以上的建筑即为超高层建筑，超高层建筑资源、能源消耗量巨大，有的甚至单体总用钢量超过 12.5 万吨，有的建筑过度奢华，每平方米造价数万元。与此同时，新规划和建设的城区和园区的规模也越来越大，动辄圈地上百平方千米，甚至上千平方千米，盲目造城，高密度建设势必会牺牲掉大量生态用地，如此大规模的新建区域需要大量人口迁移来支撑其发展，会增加碳排放，而大面积的硬质下垫面也会影响城市气候，并造成资源的巨大浪费。

在有限土地面积上集中利用的城市开发模式，需要大量能源支撑。除了城市工业和制造业以外，城市能源消费的大户当属建筑，在发达国家建筑占全部能源消费的 40%~50%，电能消费比例则更高。建筑中的各项功能设施，诸如照明、温度湿度调节、电气设备等，以及供人们在建筑之间移动的交通，都使得高密度城市的能源需求大大增加。另外，建筑施工也有大规模的能源使用。城市高密度地区大量的物质建设，材料和公共工程设备使用的欠考虑，都会使建筑生产、施工和基础设施建设相关的能源成本上升。高层建筑的运行和维修费都比较高，如典型的牵引升降电梯的能源消耗如表 3-3 所示。

表 3-3　典型的牵引升降电梯的能源消耗

建筑类型	承载能力 / kg	速度 / （m/s）	每次循环电耗 / （W·h）	停车数目	年度运载人数	年度电耗 / （kW·h）（待机状态）	待机状态电耗占比 / （%）
小公寓	630	1	6	4	40000	950	83
办公楼中等规模公寓楼	1000	1.5	8	13	200000	4350	40
医院大型办公楼	2000	2	12	19	700000	17700	25

资料来源: Nipkow J, Schalcher M. Energy consumption and efficiency potentials of lifts, report to the Swiss Agency for Efficient Energy Use （SAFE）. http://mail.mtprog.com/CDLayout/Poster_Session/ID131_ Nipko w_Life_final. pdf, accessed September 2008.

3.1.6 建筑能耗及建筑节能现状问题

从历史的观点来看，建筑的设计过程如图 3-3 所示，20 世纪各种建筑思潮涌现，但关于太阳、风和光等具体的基本环境、能源问题，在建筑设计中已不再是考虑的基本问题，造成自然能源资源的巨大浪费（图 3-4）。

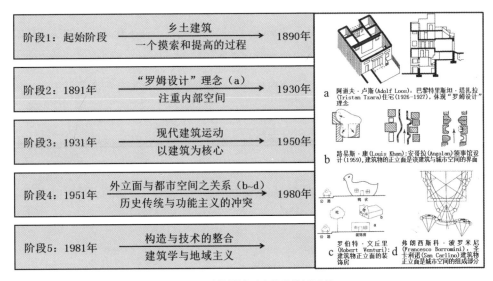

图 3-3　建筑设计历史阶段特征示意

（资料来源：克里尚，贝克，扬纳斯，等.建筑节能设计手册——气候与建筑[M].刘加平，张继良，谭良斌，等译.北京：中国建筑工业出版社，2005: 23）

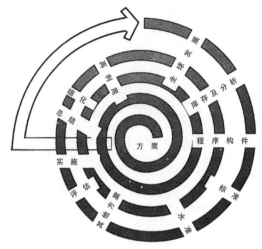

图 3-4　建筑设计过程的图表描述

（资料来源：克里尚，贝克，扬纳斯，等.建筑节能设计手册——气候与建筑[M].刘加平，张继良，谭良斌，等译.北京：中国建筑工业出版社，2005：23）

1.高密度环境建筑能耗

太阳辐射能量只有被建筑外表面吸收的部分才会转化为热能对建筑室内外的热环境产生影响，而反射的部分并不产生影响，吸收与反射的多寡取决于外围护结构的材质属性及其色彩物理属性。并且外围护结构还决定了使用空调建筑的空调调节能耗，即控制维持相对稳定热舒适温度所耗的能源量，以及直接影响无空调建筑的室内气温。空调能耗的大小明显受到气候条件的影响，一般寒冷气候条件下几乎所有的居住建筑冬季都需要采暖、夏季需要制冷以保证舒适的室内气温。简言之，温暖地区的采暖能耗低于寒冷气候区，而温暖地区、寒冷地区和严寒地区的制冷能耗则明显低于炎热气候区。除此之外，建筑外围护结构的材料及其热工性能、密闭性能也影响着空调能耗的大小。城市高密度地区，在白天无强风气象条件下，经常发生逆温的情况，即太阳辐射的垂直分布产生上部空气温度高于底部空气的情况，这导致建筑高层周围环境温度过高，随之室内气温升高，从而增加空调制冷能耗。并且，空调的大量使用所消耗的能量也会转化为热能释放到环境中，提高城市气温，增强城市热岛效应。

2.建筑故障引发的额外能耗

城市高密度地区建筑林立，建筑的规模越大，为建筑提供的服务越集中，则建筑越容易受到大规模故障的伤害。例如，由钢化玻璃、釉面墙砖、铝合金板等豪华气派的装饰带来的噪光。

在城市高密度地区，除了具有物理脆弱性，在全球变暖、极端气候频发的气候状况下，建筑的规模越大，生物攻击故障发生的概率越大，从而引发额外的能量和资源的消耗。例如，高层建筑的中央通风循环系统，极易受到生物制品（炭疽孢子）侵袭。此外，尽管建筑物建造过程中的能耗量约占全球能耗的5%，但这在发展中国家也是一个非常重要的能耗因素。例如，诸如水泥（基本不可回收）和铝（可回收）等建筑材料，在制造中都是高耗能的。

3.建筑节能设计存在问题

（1）对地域性建筑节能因素考虑不足

建筑节能深受地域性气候特征和自然资源的影响，传统民居有着适应各自气候条件的最佳形态，是被动式节能建筑。例如，北京及华北地区属暖温带、半湿润大陆性季风气候，冬寒少雪，春旱多风沙，四合院外围有墙垣，建筑屋顶、墙壁厚实，注重保温、防寒、避风沙，保证光照充分；我国西南地区云南、四川等地，炎热潮湿多雨，干栏式建筑底层架空的设计以防潮为主，并防止虫、蛇、野兽侵扰，长脊短檐式的屋顶也是为了适应多雨地区的气候特点；徽州天井民居则是为了适应南方炎热多雨潮湿，人稠山多地窄的特点，重视防晒通风，布局密集，多楼房。

然而，当代建筑节能技术类似于模块化的应用模式，对地域性节能因素考虑不足，尤其是高层建筑，未能充分考虑气候分区的节能特征，例如大面积采用呼吸式玻璃幕墙。事实上，任何一种节能措施都有其最佳适用范围，并非简单叠加节能技术就能达到节能目标。因此，节能设计应"因地制宜"地提出生态节能的设计及优化方法。

（2）节能手段过度集中和简单叠加带来高成本

高层建筑节能主要倾向于新型建筑材料、高性能节能设备等方面，有些项目存在高新节能技术手段的高度集成化和简单叠加，而忽视了其背后的高成本及成本转嫁。例如，北京锋尚国际公寓采用了八大节能技术体系[1]，其首次开盘售楼价高于同年同

---

[1] 八大节能技术体系分别为：外墙子系统、外窗子系统、屋面和地下子系统、混凝土采暖制冷子系统、健康新风子系统、垃圾处理系统、防噪声子系统和水处理子系统。

地段新开楼盘 2600~4600 元 /m²，高建筑节能成本降低了节能推广的实用性。八大节能技术体系中的健康新风体系完全可以由自然通风代替，仅需调整建筑空间布局，就可以大大节省成本，因此，应该结合当地地域气候环境优先考虑被动式节能。

（3）对建筑群组节能设计不够重视

建筑单体节能设计一直是建筑节能设计领域的主导，但往往会忽略由群组不当布局所产生的微气候会对建筑单体节能产生影响，致使节能系统效率低下的问题。例如采用高密度大尺度建筑群布局的某城市中央商务区，公共空间以草坪、低矮灌木、水体及硬质铺地为主，造成该区域热岛效应严重，从而增加建筑单体的节能负担。纵观我国的许多传统建筑，它们几乎不需要人工调节便可维持室内舒适度，耗能量远低于现代高层建筑，而造成这种差别的重要原因就是微气候环境的影响。因此，高层建筑的节能首先要考虑建筑群组之间的布局协调及其微气候环境的塑造，有效地利用微气候调节自然气候，达到降低建筑能耗的目的。

（4）欠缺建筑内功能布局的节能思考

我国许多高层建筑在内部空间功能设计布局方面欠缺节能思考。例如，将核心筒等辅助交通空间置于建筑内部，需要大量能源支撑其内部照明。因为将高层公共建筑的核心筒布置在建筑中心需要增加额外的照明用电，这部分照明用电量会占到整栋建筑用电量的 1%~2%，所以这种设计并不经济节能。若将核心筒位置外移，则可通过自然通风采光节约其用电量。图 3-5 所示的为北京国贸与香港法兰克福商业银行核心筒位置对比。

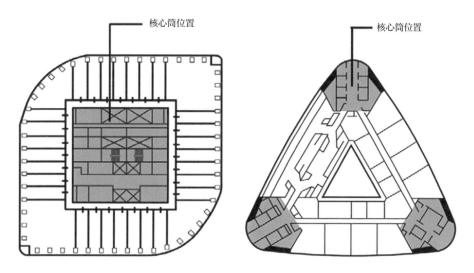

图 3-5　北京国贸中心核心筒位置示意（左）和香港法兰克福商业银行核心筒位置示意（右）
（资料来源：孙颖，崔倩，赵翰文.北京高层建筑节能地域性设计再思考[J].华中建筑，2012，30（6）：38-42）

3.2　城市能源消耗与气候的关系

3.2.1　城市能耗与气候的相互影响

　　一个聚居点的气候和它的潜在的可持续性之间存在明显的联系。它所处的气候在很大程度上控制着它获得能量的机会，以及它储备能量的需要和处理空气中污染物的能力。城市设计决策将创造小气候，加剧或调整背景气候的属性。这样，在规划可持续发展的人类聚居地时，应用城市气候学有显而易见的功能。

　　城市能耗在一定程度上取决于城市的地理位置和地形。将城市视为一个地域气候系统中的点，这就决定了该城市阳光、风、温度、降水等气候因素的日变化和季节性波动等特征；而将城市视为一片区域，地形的变化将改变区域的气候。例如，阻挡某个方向气流吹向城市所在的位置，或引海风进入城市局部循环的系统以增强季风的作用。从整体来看，城市的发展应注意本地地理及地形特点和它所带来的优（劣）势，尽量少地运用人工能量消费来改善城市环境和提升建筑舒适度。

　　寒冷气候区容易形成大气逆温的城市，在冬季无风或微风的日子里，低空逆温层限制了城市采暖排放的污染物的垂直方向稀释，加之日照充足，这就为初级污染物

（表面排放物）在城市大气中转化成次级污染物（如臭氧）提供了条件，因此这个城市的空气质量较差，只能通过限制人为废气排放解决，会另外消耗能源。而假定一个地区为强风区域，虽然污染物可以沿水平方向吹至远离城市污染源头和城市居民的地区，但是在冬季强风可能会增加住宅的采暖负荷。在夏季，强风不仅可以吹散因大气逆温滞留的污染物，从而减轻空气污染，还可以作为一种能够提供凉爽、清洁的空气进入市区以缓解热天时的热压力（热负荷）的宝贵的天然资源，这样，城市居民就可以减少空调使用需求并使用户外空间。

与此同时，人类的能源消费和城市的大规模建设活动也会引起气候和地球环境的变化，影响可归结为以下七类：① 温室气体排放；② 大气污染和酸雨，这是跨国界的污染问题；③ 臭氧层破坏问题；④ 土地退化和荒漠化问题；⑤ 水资源短缺和水污染问题；⑥ 生物多样性的破坏；⑦ 有害废弃物的越境转移。这七大问题中三个最严重最直接的问题是温室气体排放、酸雨和臭氧层破坏。

大气中能产生温室效应的气体有近 30 种，按照《联合国气候变化框架公约》的定义，温室气体主要指以下六种气体：① 二氧化碳（CO_2）；② 甲烷（CH_4）；③ 氧化亚氮（N_2O）；④ 全氟化碳（PFCs）；⑤ 氢氟碳化物（HFCs）；⑥ 六氟化硫（SF_6）。各种气体都具有一定的辐射吸收能力。其中对引起温室效应贡献最多的是 CO_2，其贡献率大约为 66%，CO_2 处于"边增长、边消耗"的动态平衡状态[1]。近年来这种动态平衡被打破，CO_2 含量逐年增加，原因有二：① 工业迅速发展、城市化快速推进、人口急剧增长、能源消耗攀升，大气中 CO_2 含量远远超过了过去的水平，据估算，化石燃料燃烧所排放的 CO_2 占排放总量的 70%；② 吸收、储存、溶解 CO_2 的条件在逐步减少（大量农田被侵占、森林被乱砍滥伐、降水量降低、地表水面积缩小）。

---

[1] 大气中的 CO_2 有 80% 来自人和动、植物的呼吸，20% 来自燃料的燃烧。而散布在大气中的 CO_2 有 75% 被海洋、湖泊、河流等地表水以及空中降水吸收并溶解于水中。还有 5% 的 CO_2 通过植物的光合作用，转化为有机物质储藏起来。这就是多年来 CO_2 占空气成分 0.03%（体积分数）始终保持不变的原因。

3.2.2 城市能量守恒

能量平衡的概念来自热力学第一定律，即能量既不能凭空创造也不能凭空消失，只能是形式上的转变或转化。热平衡是应用最多的，即以热能为衡量形式的能量平衡。把这个定律用于一个简单系统，则输入这个系统的能量必须等于这个系统输出的能量和储存在其内部的能量之和：

输入能量 = 输出能量 + 储存的能量（形式发生变化的能量）   公式（3-1）

其中，能量的输入和输出平衡是相对一个相当长的时期而言的，在任何一个时间点或瞬间，收支能量有可能是不等的。另外，同一系统输入与输出的能量形式不一定相同，可能若干种能量转换同时发生，持续变化的平衡决定着这个系统是增温还是降温。

在自然地理学科，常见的能量平衡便是地表热量平衡和水分平衡，即运用物理学手段研究地理环境中的热量收支平衡规律及水分平衡规律。依据能量守恒和形式转换定律，地表热量平衡指地表获得的太阳辐射能等于蒸发消耗热量、空气增温热量和土壤增温热量的和；水分平衡指一个流域或任何体积空间，在一定时段内收入水量等于支出水量与该时段内水分蓄藏量的和。

地球表面平均气温发生变化主要是因为吸收的能量与向外辐射的不等：太阳对地球的辐射热大部分是被反射回太空的，只有一小部分被地球吸收并转化为非热能。温室效应强度大，地球吸收能量大于辐射能量，导致全球变暖。温室效应适度，两者能量值相等，则地球表面的平均温度会恒定不变。增加 CO_2 或水汽对温室效应的影响因气候而异，增加同量的 CO_2 或水汽，在干冷地区比在湿热地区产生的效应更大。

在城市系统中应用能量守恒定律，因为城市建成区中众多因素的规模、形状、构成和布局呈现多样性，详尽地描述城市表面参数是不可能的，所以描述城市能量守恒需要简化和抽象化，研究相对小的空间，例如城市高密度地区这种具有纹理的表面，用平均属性（如空气动力学粗糙度或反照率）来描述，城市地区表面能量平衡一般形式表达为：

$$Q^* + Q_F = Q_H + Q_E + \Delta Q_S + \Delta Q_A \qquad 公式（3-2）$$

其中：$Q*$ 是所有波长的净辐射；Q_F 是人为导致的热通量；Q_H 是感（显）热通量；Q_E 是潜热通量；ΔQ_S 净储存的热通量；ΔQ_A 是水平对流的净热通量。此方程包括了城市表面所有可能的能量转换（在一个特定时间或空间上，任何一个因素的大小都可能等于 0）[1]。

3.3 高密度对城市能耗的影响

3.3.1 高人口密度对城市能耗的影响

高人口密度对城市能耗的影响主要集中在对基础设施、公共设施的大量消耗上。城市轨道交通的发展必须建立在一定人口密度条件下，人口密度过低，发展轨道交通并不经济；随着人口密度的上升，碳排放量增加，并且交通拥堵严重；当人口密度上升到一定程度时，发展城市轨道交通可以减少拥堵、减少碳排放且经济可行。有学者研究发现，1200 人 / km² 的人口密度值是碳排放临界值，即当人口密度低于临界值时，密度的上升会带来更多的碳排放；当人口密度高于临界值时，提高密度反而会有一定的降低碳排放效果。在寒冷气候条件下，城市提高人口密度有利于提高供暖效率，人口密度每平方千米每增加 100 人，人均碳排放会减少 2.3 吨。

3.3.2 高建筑密度对城市能耗的影响

高密度城市形态的物质组成由材料和能源密集投资所得，会对室外热舒适和建筑能量载荷产生影响，从而改变城市表面及其与上方大气之间动量和能量的交换。城市中各种人类活动都需要持续的能源和原材料来维系，例如工业生产的动力能源，供建筑采暖、制冷和照明的能源，以及供交通运输的能源等，这些能源的消耗势必会在环境中产生各种形式的废物沉积。随着密集的高强度开发，能源消费更多，废物沉积更多。高密度城市建筑物影响了街道层的采光、日照和通风；而绿色植被的缺乏和透

---

[1] 埃雷尔，珀尔穆特，威廉森 . 城市小气候——建筑之间的空间设计 [M]. 叶齐茂，倪晓晖，译 . 北京：中国建筑工业出版社，2014：17.

水率差的人工材料铺装的广泛使用，人工废热的排放和汽车尾气的排放都在影响和改变城市环境与气候。因此城市为满足城市居民的舒适要求（制冷、供热、照明等）而消耗的能量要远远高于乡村。

太阳辐射能照射到地球上，主要分为被吸收的和被反射的两部分：被表面吸收的部分会转化为热能，被反射回大气中的太阳辐射并未对温度和湿度产生影响。地球上的任何建筑物、构筑物、物品等都是白天吸收太阳辐射，即短波辐射，然后将其转换为热能以增加温度，并且吸热过程仅发生在白天；在吸收短波辐射的同时，通过向外的长波辐射进行散热，散热过程则是在白天和夜晚持续不间断发生的。在城市中，建成区因其布局特征与周边乡村迥异能量消耗量和特征也与周边乡村存在差异。在开敞乡村，由于没有高大建筑物和构筑物的遮挡，吸收太阳辐射与反射太阳辐射都发生在近地面，其强度取决于近地面植被特征和土壤颜色；在高密度的城市建成区（将区域冠层视为整体时），由于高层建筑林立，布局密集，建成区太阳辐射的吸收、反射情况与在开敞乡村则有明显的不同，吸收和反射过程发生在距离地面一定高度的区域，路线十分复杂（图 3-6）。其过程主要包括以下方面。

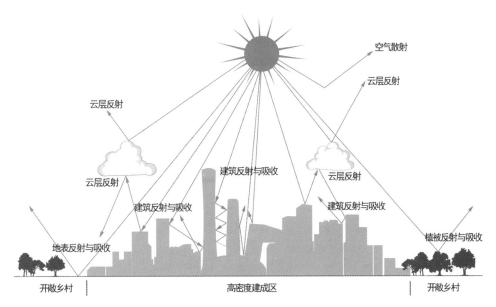

图 3-6　太阳辐射路线示意图
（资料来源：作者自绘）

① 吸收太阳辐射：城市高密度环境中的建筑高、布局密集、间距小，太阳辐射多数被屋顶和墙面吸收，其吸收程度取决于屋顶和墙面的色彩吸收属性；另外只有较小部分的太阳辐射到达街道地面和开敞空间。

② 反射太阳辐射：被建筑屋顶反射的太阳辐射直接被反射到天空中；而照射到街道地面、开敞空间以及建筑墙面的太阳辐射，其反射路线比较复杂，太阳辐射会被垂直墙面、街道地面等反射到相邻建筑的墙面上被其吸收和再反射，如此在建筑墙体之间来回再吸收和再反射，其反射比例取决于建筑墙面色彩的反射率。在来回反射过程中，最后只有很少的太阳辐射被反射回大气中，而被吸收的太阳辐射会在傍晚和夜间通过长波辐射释放回天空。

3.4 气候与高密度建设

3.4.1 高密度布局类型及节能转型

1. 高密度布局类型及特征

城市中建筑高密度布局可以分为高层建筑高密度布局、多层建筑高密度布局和低层建筑高密度布局三种类型。这三种高密度布局类型可能同时存在于城市中的同一区域或是不同区域内，它们的共同特征是都具有较高的建筑密度和人口密度，具体特征如表3-4所示。

表 3-4　三种类型高密度环境特征对比

类型	空间发展形态	立体化程度	单体建筑			各类要素			示例
			层数	体量	排列	尺度	数量	间隙	
高层高密度	垂直发展	高	高	巨大	较疏，释放一定地面空间	大	多	较大	中央商务区、大型城市综合体等
多层高密度	水平发展多过垂直发展	一般	多	中、大	略密，连廊或过街天桥连接	较大、小	较多	较窄	公共建筑、居住建筑、商业建筑等
低层高密度	水平发展	低	少	小	紧密	较小	很多	很窄	历史城区、旧城区等

资料来源：作者归纳整理自绘。

（1）高层建筑高密度布局

通常城市中经济要素最集中的区域都是采用高层建筑高密度布局，其功能以金融、商务、商业、办公为主，也有以超高层和高层住宅为主的住区。另外，高层建筑高密度布局一般立体化程度比较高，伴随着大规模的地下空间开发，呈现出高空、地上、地下立体发展，功能复合化的形态，并且其间的人员及活动也复杂。高层、超高层建筑大多存在大量大面积玻璃幕墙，在一定程度上会易发生光污染现象。

图 3-7 北京 CBD 核心区
（资料来源：http://house.gmw.cn/）

高层建筑高密度布局的代表有很多，例如，北京中央商务区（CBD）位于长安街、建国门、国贸和燕莎使馆区的中心交会地段，是首都文化、经济核心地带，众多世界 500 强企业中国总部、中央电视台、凤凰卫视、人民日报等坐落于此（图3-7）。香港可以被称为摩天之城，由于人口密度高，摩天大楼的建造经济效益十分明显，不仅商务商业大厦是摩天大楼，而且还有许多超高层住宅（图3-8）。香港路窄人稠，寸土寸金，为了最大限度地利用空间，切实有效地疏导人流，"上天（桥）入地（道）"成为香港城市设计的必然选择。

图 3-8 香港维多利亚港两旁可见大量摩天大楼
（资料来源：http://zh.wikipedia.org/zh-tw/香港摩天大楼 #mediaviewer/File:Hong_Kong_Night_Skyline.jpg）

（2）多层建筑高密度布局

该种高密度形态存在我国多数城市的多数区域内，主要可分为多层公共建筑高密度布局和多层居住建筑高密度布局。一般多层公共建筑的尺度都较大，功能以商业为主，建筑之间有一定的间隔空间，有部分建筑与建筑之间由道路过街天桥相连（图3-9）；随着建筑综合体的快速发展，建筑体量日趋增大、建筑功能日渐复合化（图3-10），边界日渐模糊，与城市空间融为一体，建筑高密度环境与人口高密度环境都越来越复杂。多层高密度布局的居住建筑通常为20世纪八九十年代设计建设的集合住宅，人均面积较小，建筑年久失修，无物业管理或物业消极管理，居民会将自家物品堆放于公共空间和开放空间，并私自封闭阳台等，导致环境复杂且恶劣。

（3）低层建筑高密度布局

这种布局类型通常是历史城区或城市中的旧城区，大多是居住区和临街小型商铺，如江南水乡（图3-11）、平遥古城（图3-12）。居住功能的低层高密度环境一

图3-9　天津人行天桥——南京路
（资料来源：作者拍摄）

图3-10　香港尖沙咀著名街道——弥敦道
（资料来源：http://www.wangtu.com/hongkong.html）

图3-11　低层高密度——乌镇
（资料来源：作者拍摄）

图3-12　低层高密度——平遥古城
（资料来源：网络）

般是各类设施较为陈旧，并且初始开发程度和后续更新程度都比较低；通常为低人均面积的小户型住宅，因此存在较多的室外空间室内化现象，例如在房屋周围堆放各种物品占用公共空间和道路，加剧了空间拥挤程度。商业功能空间多为开发较成熟商业、旅游性质的建筑，在旅游开发成熟的历史古城通常已进行了一定改造和更新，并且有较高水平的统一化管理。人口密度方面，低层居住建筑高密度布局空间的人员，基本都是本地居民，人口流动性低且昼夜差别不大；而低层商业建筑空间的人员以游客为主，昼夜差别明显，流动性较强。

高密度布局无论是以高层建筑、多层建筑为主还是以低层建筑为主，都或多或少地存在着如下特征：① 地窄人稠，建筑量大；② 路窄网密，交通荷载大；③ 环境恶化，空间质量欠佳；④ 生态资源数量稀缺；⑤ 步行空间联系薄弱。

2. 高密度布局环境的生态节能转型

曾经人们一提及高密度，立即就把它与拥挤、制约、紧张、压抑、超负荷等负面词语关联，而低密度貌似是"阳光、空气、绿色、舒适、宜居"的代名词，实际上，这是概念混淆。密度高低需要通过专业的调查及测度来评定，而拥挤、舒适是本体人的直接主观感受。高密度是一种城市空间布局组织形式，是一种紧缩的城市形态。高密度发展有其自身平衡规则，高密度并不意味着一定是拥挤的，只有当高密度自身稳定平衡被破坏时，随之而来的才是生活环境恶化、卫生质量下降等负面效应和拥挤感。

事实上，当在整体上可以控制好城市的尺度、规模、结构和形态时，适当高的人口密度可促进城市经济、社会和文化发展，从而使高密度向积极的方向发展，形成"紧凑城市"的状态。在提倡城市紧凑布局的背景下，慎重理性地向外部扩展，持续并有效地增加城市规模、人口等。借助紧凑形态，提高城市本身发展的集约性、可持续性和多样性（表 3-5），使基础设施投资更为集中和有效。

表 3-5　城市紧凑布局设计理念组合

	混合的土地利用	多样化	可持续的交通	城市密度
混合的土地利用	包括水平方向的混合、垂直方向的混合	新城市主义、传统社区文化的复兴、可持续的社区发展	TOD 发展模式（以公共交通为导向的土地混合使用）	小型地块的混合使用，高层高密度、低层高密度的混合利用
多样化		公共设施、建筑密度、住宅类型与户型大小、就业、交通方式等	沿城市公共交通走廊实现就业、居住、商业等功能的平衡	不同空间层面的多样化、不同密度的多样化
可持续的交通			公共交通优先，限制私人机动交通，鼓励自行车与步行交通	轨道站点周边的高强度、高密度开发，形成分散化的高强度集中主义
城市密度				高密度、紧凑型的城市发展

资料来源：蔡志昶. 生态城市整体规划与设计 [M]. 南京：东南大学出版社，2014：77.

　　高密度的积极转化方式有外部扩展和内部重组，即增加新用地疏解高密度人口和内部配置改造降低感知密度。由于城镇化发展，高密度是城市的最终发展方向，土地资源的稀缺告诉我们，外部扩展并不是"最优解"，甚至还会造成更难医治的"城市病"和"生态病"。出于长远的可持续考虑，内部重组可以通过多种有效方法、措施疏解高密度，实现协调发展。

3.4.2　气候在城市中的影响尺度

　　大气层中距离陆地表面不超过 10 km 高度的"对流层"浅层部分，受到陆地表面的影响最为直接，称之为"边界层"。城市建成区对应的"边界层"就是城市边界层，位于地面上约 1000 m。如图 3-13 所示，完整的城市边界层是城市上空受城市表面摩擦以及热过程和蒸发显著影响的大气层，包括城市之上的全部空气量。城市边界层随着城市向高空发展和城市活动而日趋复杂。当空气流过城市建成区上空时，城市边界层的高度从城市的上风边缘开始增长（图 3-13 上图）。城市边界层一般向上延伸，其延伸高度约为城市建筑物高度的 10 倍，城市边界层还在下风向超出城市区域。城市边界层以上部分被称为"混合层"（图 3-13 下图），其受城市表面形态和非城市上风区影响，因此混合层并不是完全适应于城市表面形态的，它的高度随大气层的稳定性和城市影响的强度而变化。

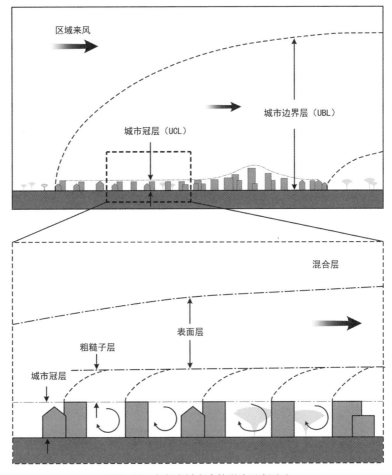

图 3-13　气候在城市中的影响尺度图示

（资料来源：埃雷尔，珀尔穆特，威廉森 . 城市小气候——建筑之间的空间设计 [M]. 叶齐茂，倪晓晖，译 . 北京：中国建筑工业出版社，2014：17）

　　当空气流经足够长的地面时，在平均建筑高度 4~5 倍以上的空间里会形成完全由建筑物和地面覆盖的三维几何关系的表面层。在表面层底部，由于城市表面由不同高度的建筑、植被、多种规模的开放空间共同组成，不同表面产生的粗糙度会引起相互作用的气流，在平均建筑高度 2 倍左右形成一个高度可变的过渡层，由均质的大气表面层和异质的城市表面组成，称之为粗糙子层。

　　城市冠层是城市大气中的最下端部分，它从地面一直延伸至建筑、树木和其他物体的高度，每一个点的状态都因下垫面而存在差异，具有高度异质性。因此，城市内任一空间都会形成一个独特的小气候，可以用气温、气流、辐射平衡和其他气候指标来描述，以城市空间的构成、表面材料的光学性质及热工性能、景观植被等因素作为设计参数和手段来调整小气候。

3.4.3　气候与高密度布局的相互影响

城市规划与城市气象环境影响评价相辅相成，一方面，规划设计需要建立在城市气候环境基础之上；另一方面，城市高密度地区下垫面的特殊形态、高密度的建筑布局和人类活动都会对城市气象环境产生不同程度的影响，从而改变城市小气候（图3-14）。

城市空间布局特征表现在两个向度：二维和三维。在二维空间布局上，当且仅当一个平坦光滑且不透水的表面作为城市下垫面时，下垫面蓄水性差，尤其是雨后排水时，大量雨水急速排入河道易引发城市洪水或内涝。另外，又因缺乏植被及其蒸发的水分，城市表面通过直接的热对流作用将能量转移到大气中，以致邻近的空气温度迅速变化，假如表面是深色材料（如沥青），其表面温度会变得很高。在三维空间布局上，高尺度的建筑及其他构筑物可引导空气流动，但是在特定地点或时刻也会发生阻碍空气流动的现象，造成阴影和遮蔽天空，以致靠近地面的气候变得复杂，倘若置

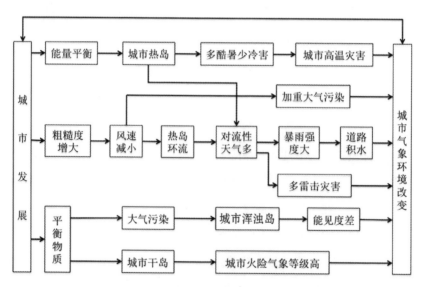

图3-14　城市发展对城市气象环境影响示意图

（资料来源：任超，吴恩融. 城市环境气候图——可持续城市规划辅助信息系统工具 [M]. 北京：中国建筑工业出版社，2012：3-20）

身于高密度的二维和三维城市空间，那么人们行走在其中可经历气候环境的不断改变，体验到阵风和无风、阳光和阴影交替以及冷暖空气流等许多独特局地的复杂城市（小）气候。

城市小气候是大都市特有的、有别于周边郊区的、建筑之间空间的一种特殊现象，结合周边郊区或农村更广大的区域来看，城市小气候是个气候岛（局地气候）。从地球整体来看，城市面积相对较小，但其物质建设密集，人流、物流高度集中且活动频繁，硬质下垫面加之人为热量的大量释放，造成城市的气候和农村有着明显差异。究其原因，主要有以下几点。

① 现代城市以钢铁、水泥、土石、砖瓦、玻璃等材料进行物质建设，使得建筑物下垫面的刚性、弹性、比热等物理特性与自然地表不同，从而改变了气候反射表面、吸收表面以及辐射表面的特性，也改变了表面附近热交换和表面气体动力粗糙度。

② 人类从事工业生产、交通运输、家庭生活、取暖降温等活动释放出的热量、废气和尘埃，影响着城市内部环境，形成有别于自然气候的人工气候环境。

③ 城市生产生活产生的巨量气体和固体污染物被排入空气中，影响了城市上空的大气组成，使其与周边郊区不同，主要表现在气温、降水、风速、辐射能量等方面。

④ 寒冷气候条件下的城市，每年大概有超过 5 个月的供暖时长，并且夏季平原地区的最高气温大多可超过 40 ℃，另外冬季的低温会驱使人们更依赖汽车出行并以车内空调调节温度，由此供暖与制冷的巨大需求会消耗大量能源，从而影响环境，产生城市小气候。

高密度布局形式与其功能是产生独特的城市（小）气候的重要原因。虽然在高密度的布局形式和城市功能方面全世界的城市都有许多相似之处，但是其衍生出的特殊城市（小）气候却不尽相同。例如，以工业生产为主的城市和以行政管理或文化旅游为主的城市存在不同的（小）气候特征；而广泛采用公共交通运输系统的城市与依赖私家车交通的城市，无论是在城市布局还是在空气质量等方面都有着不同表现特征。

因此，城市建设应该遵循因地制宜的"气候设计"（climate-conscious design）原则。除了建筑内部微气候设计，还应该考虑城市化如何影响城市内外的气候、城市化进程带来了哪些外部气候环境等，以通过规划设计改善城市气候环境，例如寒冷气候地区，在迎风面种植树木便可为建筑挡风，提升建筑舒适度；或者重新设计建筑物外轮廓，将阳光引入街道，无论是从微观改善建筑设计尺度还是从宏观优化城市布局形态尺度，在对城市进行规划、设计和建设时，都必须重视气候因素以应对环境变化。

3.5 城市能耗与气候和高密度布局之间的关系

气候、高密度布局及能耗三者之间存在着密切的关系，从表3-6可以看出，气候影响着城市的空间布局形态，从而影响城市的能源消耗，而不同的城市空间布局和能源消耗会形成特殊的城市（小）气候，局部改变地域气候。

综合前文所述，在城市高密度地区，气候、高密度布局与能源消耗的复杂关系如图3-15所示，三者相互影响、相互作用和相互制约，具有复杂且密切的关系，城市对能源资源的高消耗以及高排放作用于气候，形成城市小气候甚至是极端气候，并给高密度布局带来不良的环境影响；而高强度高密度的开发一面消耗着大量能源资源，一面影响着城市原本的地域气候，被改变的气候又作用于空间布局，导致环境恶化。

表3-6 气候要素对城市环境及能耗的影响

要素	环境影响内容	城市相关系统	能耗影响内容
热环境	太阳辐射不同导致的热浪和潮湿，城市热岛效应，城市不同地区的环境舒适度差异	土地利用、形态结构、街道布局、道路交通、建筑高度、建筑密度、建筑容量、建筑形式、绿地形式、绿地水系、开放空间、环境保护	空调制冷/制热、风扇等热舒适调节耗能
风环境	城市建筑高层化易产生风道和湍流，空气不易流通		防风避风或者通风带来的能量消耗
声环境	城市机动车、工厂、人流集中地的噪声污染，城市安静环境稀缺		影响不明显
降水环境	雾霾、冰雹、暴雨等灾害		温度等热舒适调节耗能
空气环境	机动车排气排放物、工业污染物、酸雨、粉尘、生活污水、其他气体和固体污染物		环境污染等带来的额外耗能

资料来源：作者自制。

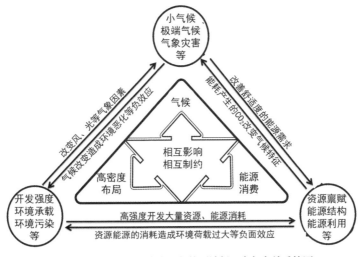

图 3-15　气候、高密度布局与能源消耗三者复杂关系简图

（资料来源：作者自绘）

3.6 寒冷气候城市高密度地区生态节能的设计目标

城市是一个不断汲取和消耗能源资源的巨大的有机体。

城市高密度地区是集中建设布局的人工非自律生态系统，其面临着能源资源消耗和排放的巨大挑战。城市高密度地区因其紧缺的用地条件限制，用于各类营造环境改善生态的空间缺乏，布局设计难度大；而其建筑和城市空间的大体量和复杂性，又给效能提升活动带来困难。由于极高的空间使用频率和巨大的人口荷载，城市高密度地区的土地资源、交通设施、地上地下空间等承受巨大压力，加之寒冷气候区冬季采暖的能源消耗巨大，一旦生态失衡将引起城市失能、城市功能瘫痪等严重问题。并且城市已建成高密度地区受到现状条件影响，进行设计改造的成本较高，改造难度较大。城市遵循着物质循环流动、能量单方向流动且两者相互影响的原理。因此，综合前文分析，在保护、维持和提升自然环境质量的前提下，需要剖析城市设计主要要素与能耗的关联性（表 3-7），整合布局要素，从而建立生态节能设计体系，在城市尺度范围内，运用规划、设计手段进行科学合理的高密度技术支撑和政策引导，以实现城市人工环境系统的高密度、低能耗、低污染发展，因而寒冷气候城市高密度地区生态节能的核心问题简而言之就是：在冬季需采暖、夏季需制冷的气候条件下如何通过城市规划与设计达到生态低耗低排的目的（图3-16）。

表3-7　城市设计主要要素和能耗的关联性

一级要素	二级要素	关联性	一级要素	二级要素	关联性
空间形态	布局结构	△	建筑群组	选址规划	●
	用地选择	△		群体组合布局	●
	开发规模	●		朝向、采光与遮挡	●
街区道路	路网结构	●	建筑单体	选址规划	●
	道路宽度	△		建筑形态	●
	可达性	△		建筑体形	●
	步行系统	●		建筑空间	●
	规模尺度	●		外围护结构	●
				建筑设备	●
公共空间与绿化	景观系统	△	人文因素	出行方式与频次	●
	开放空间	●		其他活动	△
	生态绿化	●			

注：●直接关联；△间接关联。
资料来源：作者自制。

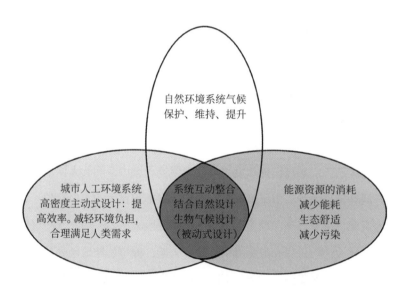

图3-16　城市高密度地区生态节能设计目标
（资料来源：作者自制）

4

寒冷气候城市高密度地区
生态节能设计体系的构建

4.1 生态节能设计体系建构的技术路线与步骤

前文已将城市高密度地区界定为三个层面，即高密度城市中心区、高密度街区和高密度地块。鉴于随着城镇化的快速发展，城市高密度地区能耗不断增加，环境恶化日益严重，节能已逐渐成为各国城市发展不得不重视的问题。实际上，高密度紧凑发展是节地的有效途径。随着人类"生态""绿色""低碳"意识的觉醒，开始重视并探讨研究恶化的环境与人类行为之间的相互影响，在此背景下，需要引入生态节能理念重新审视城市建设和规划设计的节能问题，通过生态节能设计缓解城市与环境的冲突，使城市可持续发展。

4.1.1 技术路线

建立城市高密度地区生态节能设计体系研究的技术路线（图 4-1）为：通过前述研究，制定城市高密度地区生态节能设计所必须遵循的主要原则，从中得出构建理念，再通过相关体系的映射和借鉴，选取生态节能设计影响要素，提取影响城市能耗的相关城市设计布局因子，构建城市高密度地区生态节能设计体系模型，并依据数理模型建立完整的城市高密度地区生态节能设计的关键性指标体系及指标总表，结合城市高密度地区的结构模型选取ⅡA气候区城市高密度地区进行实例分析。

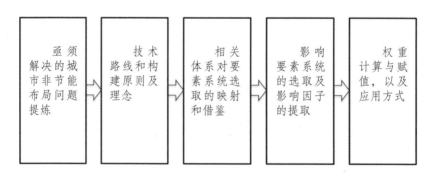

图 4-1　城市高密度地区生态节能设计体系研究技术路线图
（资料来源：作者自绘）

4.1.2　构建步骤

建构城市高密度地区生态节能设计体系是先基于城市规划设计要素及前文能耗现状矛盾影响要素搭建主要架构，其层级结构是各影响因子之间的隶属关系，再设定目标层并分解，按照影响因子的性质分层次排列，形成最终的目标分层结构，具体的步骤如下。

① 提出构建原则和主要理念。

② 研究国内外相关体系对生态节能设计体系要素选取的映射和借鉴。

③ 借鉴国内外相关体系，基于前文对城市高密度地区能耗现状矛盾及其复杂性的研究，将城市高密度地区生态节能设计影响要素系统（目标层）确定为能源资源选择和利用、环境气候、空间形态、人文因素、街区道路、公共空间与绿化、建筑群体组合、单体建筑性能八方面。

④ 采用层次分析法（AHP）逐层细分城市高密度地区生态节能设计影响要素（目标层），分为目标层、影响层和准则层。目标层是城市高密度地区生态节能设计的八个影响要素系统，用于描述城市高密度地区生态性能、能耗趋势和节能目标领域；影响层是对上一层级目标层的细分；准则层为直接影响因子。本体系仅为城市高密度地区的生态节能设计提供直接影响因子权重总表，为后续设计、优化策略提供指标方案。

⑤ 依据建构的体系制定城市高密度地区生态节能设计应用法则以指导实例研究。

4.2　生态节能设计体系建构的主要原则与理念

4.2.1　体系建构的主要原则

1. 可持续发展原则

可持续发展需要从经济可持续性、社会可持续性和环境可持续性三方面协调发展。经济可持续性涉及一个城市"定性地达到一个社会、经济、人口和技术上的新水平，这些成果将成为城市长远发展的基础"；一般认为社会可持续性包括未来性和公平，以及参与、赋权、文化认同和体制稳定等方面；而环境可持续性意指在城市发展中，把土地和资源利用与保护自然综合协调起来[1]。《21世纪议程》指出，"全球环境不断恶化的主要原因是不可持续的生产和消费模式，尤其是工业化国家的这类模式"。因此，可持续发展不仅要满足人们衣食住行医教等基本生存需求，还要转变增长模式，建立可持续的生态环境和消费结构，提高能源资源的使用效率，开发和使用有利于环境的、尽可能不造成污染的技术，以可持续的方式去使用各种资源。

城市是全球环境变化的驱动器，但它们在任何环境变化面前也会变得尤为脆弱。例如，一些位于低海拔地区的城市，通常临近海岸和河谷，也就是说这些地方将面临由气候变化引起的海平面上升问题。在全球环境进一步恶化前，必将遵循可持续性原则以解决环境问题，减少资源利用和废物产生比较集中的城市和地区对全球的影响。从城市角度，在城市密度、形态和可持续性之间探索出多种联系，遵从可持续的规划和建设途径，以更好地利用地球资源和提高人类生活质量。

2. 综合系统性原则

体系构建的综合系统性原则体现在两方面，即研究对象的综合系统性和体系自身的综合系统性。城市高密度地区生态节能设计体系的研究，应该基于城市学视角，从宏观中心区、中观街区、微观地块（建筑）三个方面进行研究分析，避免某一方面指标的缺失。

由于城市高密度地区的生态节能设计体系涉及建设选址、资源节约、能源利用、空间形态、街区尺度、环境因素、建筑性能等多方面的因素，所以，体系因子项的选取也是一个多层级多目标的决策过程。因子项的选择应充分考虑其所在要素系统与城市高密度地区系统的关系。体系分为八个不同的要素子系统，每个子系统又包含不同的分支因素，所以城市高密度地区的生态节能设计体系本身就是一个多层次的结构体系。其中每一个要素子系统都可以在一定程度上反映整个系统的效能特点，而每一个子系统的因素都会对整个系统的效能结果的科学性产生影响。各个设计子系统之间保持相对独立性，又存在很强的关联性，共同构成一个整体的城市高密度设计系统。因

---

[1] Basiago A D. Economic, social, and environmental sustainability in development theory and urban planning practice[J]. The Environmentalist, 1999, 19 : 145-161.

此在具体实施操作时，要妥善协调人口高度膨胀、人均资源相对匮乏、保护和改善环境三者之间的关系，必须充分考虑各个要素子系统的联系和区别并对整个系统统筹把握、综合考量，使体系较为全面地反映城市高密度地区的设计内涵。

3. 科学性指导原则

科学性指导原则不仅要求体系能够揭示城市高密度地区现状布局不节能的特征，也要求其反映出城市高密度布局建设的内在要求。科学性指导原则应同时考虑体系的完整性和因子的代表性，并为其可操作性和系统性提供保证。科学性指导原则旨在将城市高密度地区设计的各个要素子系统影响因子加以定性或者定量的描述，采用科学的方法进行分类描述，进而用这些指标来揭示城市高密度地区规划设计建设过程中所存在的不节能问题并进行节能改进。

城市高密度地区生态节能设计体系的构建还应该具有一定的科学针对性，做到具体问题具体分析，从而使体系真实、可靠。我国城市或地区之间建设发展、经济文化、城市形态、密度等布局特征都存在差异；地域生态气候的不同决定了节能途径不能一概而论，而必须针对不同城市不同地区间自然、经济和文化的差异来确定不同因子的节能影响。

4. 地域差异性原则

我国幅员辽阔，地形复杂，各地气候差异大，节能需要考虑不同地域不同气候条件的特殊性。地域差异性原则主要指：① 生态节能设计体系应该根据不同地域进行分类。例如英国 BREEAM Communities 体系设置了 9 个不同区域的权重因子，设置特定的差异性影响因子；我国的"节能建筑评价标准"等评价体系也都是按照不同气候条件下的热工分区，设立了气候分区来制定指标。② 由于不同的自然环境和人文环境状况，以及人们对"生态"内涵的理解不断加深和"节能"观念的转变，指标项的权重是动态变化的，需要不断加以调整和修订。

5. 可操作实施性原则

城市高密度地区生态节能设计体系应具备可实施操作性。但是高密度城市是个复杂的生态系统，其复杂性决定了其指标项中除了定量因子，还存在定性因素，因此，在最终的体系中，定性因素也均应转化为定量因子以利于操作。做到对定量指标可以直接量化、对模糊的定性分析进行适当转换后间接赋值量化。并且，体系的可操作性还要求其不仅在时间上做到现状与过去的对比分析，还能够在空间上做到类似的区间空间性的比较，为后续有针对性地提出解决策略打好基础。

4.2.2 体系建构的理念

1. 城镇化发展的全程化节能

我国未来的城镇化发展要有别于过去、有别于其他国家，不可以一味地发展城市化、工业和经济，等发展完再去弥补因发展造成的损失，我们要在城市化的全过程中贯穿可持续、绿色、生态、低碳的理念，"不欠新账，多还老账"，在整治现有污染的同时，尽可能在城市发展的全过程中节约能源和资源，如城市各要素的选址、功能、构成及形态均直接或间接影响城市的能耗及其对生态环境的反作用。新型城镇化发展要实现四个方向的绿色生态转变（图 4-2）：① 增长方式要实现从褐色的"三高"发展向绿色的"三低"发展转变；② 发展方式实现从线性发展向循环发展转变；③ 城乡空间实现由蔓延式发展向紧凑集约型发展转变；④ 发展模式摒弃 A、B 模式，探索新型 C 模式 [1]。

随着全社会对能耗形势的重视，节能理论和实践均取得极大进展。但有关节能的体系大多侧重于建筑节能、交通节能、能源选择等方面的研究，对整个城市的综合节能整合研究较少。城市高密度地区生态节能设计体系通过关注物质空间布局与能源消耗的相互关系，以节能思想贯穿城市生态布局规划和设计，达到整合现有节能技术、优化节能布局、避免环境继续恶化等目的。

---

[1] A 模式是"以化石燃料为基础，以汽车为中心的用后即弃型经济，并建立在环境是经济一部分的理论之上，认为自然界之不尽用之不竭"，其实质就是高资源消耗、高环境污染的以美国为代表的经济发展模式；B 模式是要求经济发展与环境绝对脱钩的减物质化模式，它要求在经济增长的同时实现大规模的减物质化，其目标是在经济持续正增长的同时，环境压力出现零增长甚至负增长，经济发展与环境压力二者之间开始"脱钩"；C 模式也称为 1.5~2 倍数发展战略，针对中国人均 GDP 到 2020 年翻两番，同时允许资源的消耗和污染产生量最多增加 1 倍左右，用不高于 2 倍的自然资本消耗换取 4 倍的经济增长和相应的社会福利。

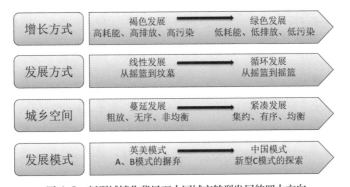

图 4-2　新型城镇化背景下中国城市转型发展的四大方向
（资料来源：陈志端 . 新型城镇化背景下的绿色生态城市生态城市发展 [R].2013—2014 年城市规划发展
报告）

2. 城市空间结合建筑空间一体化节能

随着城市的高密度发展，建筑体形日趋增大，城市综合体、建筑综合体逐渐发展到占据整个街区甚至是几个街区，城市空间和建筑空间结合愈加紧密，界限愈加模糊，逐渐趋于一体化。因此，城市高密度效能及生态节能设计优化策略应综合考虑建筑内外空间的结合，进行宏观城市层级、中观街区层级到微观建筑层级的一体化节能设计，包括城市环境气候图的绘制、能源的选择、城市空间形态、街区与道路、公共空间与绿化等，同时考虑对建筑空间组合以及建筑内部空间等微观方面进行分析和优化。

3. 地面结合空中、地下空间立体化节能

城市的高密度发展势必是立体化的发展，城市由传统的二维平面拓展逐渐发展成为三维立体系统，在增加城市可利用空间的同时，使城市功能、空间更为复杂，从而迅速增加能源消耗。因此，传统节能策略已不能满足城市高密度地区降低能耗和保护环境的需求，针对城市高密度地区地面与空中、地下空间的高强度立体化开发，应该规划立体化的全方位节能途径。

4. 针对地域气候差异的气候分区化节能

依据地域差异性原则，不同气候分区建筑能耗矛盾点不同，对建筑节能的基本要求也不同，不同分区的节能措施甚至是正好相反的。例如，严寒地区，建筑能耗的主要突出点为采暖，而夏热冬冷地区的建筑节能要求，则是夏季防热、遮阳、通风，节能的主要措施倾向于降低空调制冷的能耗。因此，谈及城市节能，势必需要考虑地域

气候的差异，进行分区的节能研究，选取降低能耗的举措。

5. 硬实力结合软实力的多样化节能

节能存在于城市生活的各个方面，节能观念的转变可以收到很可观的节能效果。城市节能观念涉及多方面，包括政府部门采取的某些政策、法规，市民的节能意识、节能知识，社会倡导的节能生活方式、工作习惯，甚至只是人们的一种思维方式。从城市节能的大目标出发，传统的生活方式、思维方式和理解往往需要转型，人们需要以全新的视角重新考量其行为、习惯以及对节能合理性和可行性的认识。我们将节能观念的"转型"称为城市节能的软实力，因为观念虽无形，但很重要。

4.3 生态节能设计体系影响要素系统的选取与细分

4.3.1 生态节能相关体系的映射和借鉴

1. 英国 BREEAM 和可持续住宅

BREEAM（Building Research Establishment Environmental Assessment Method，英国建筑研究院环境评估方法）由英国建筑研究院（Building Research Establishment，BRE）于 1990 年研发，是世界上第一个绿色建筑评价体系，评估对象包括办公建筑、工业建筑、新建住宅、超市和生态住宅，通过制定标准为评估对象提供对建筑环境影响最小化的创新性方案。

BREEAM 有 15 个子系统。《可持续住宅标准》于 2006 年 12 月颁布，是在 BREEAM 生态住宅的基础上发展起来的，可以为未来法规的发展提供 CO_2 排放和能源使用方面的依据。标准的执行最初是自愿的，是政府与英国建筑研究院（BRE）、建筑业研究和信息协会（CIRIA）协商制定的，2008 年，该标准成为对所有新建住宅的强制性要求。《可持续住宅标准》共分为 6 个层次的评分系统，由必须实现的强制性最低标准和一定比例的"弹性"标准组成，完整的评估包括 6 个关键问题（表4-1），评估对此逐一打分。

表 4-1　《可持续住宅标准》6 个关键问题

项目	能量效率 / 二氧化碳	水效率	地表水管理	场地垃圾管理	家庭垃圾管理	材料使用
性质	强制性	弹性	弹性	弹性	弹性	弹性

资料来源：作者根据《可持续住宅标准》整理绘制。

2. 美国 LEED

LEED（Leadership in Energy and Environmental Design，美国领先能源与环境设计）由美国绿色建筑委员会（US Green Building Council，USGBC）1995 年研发，是世界上商业化运作较为成功的绿色建筑评价体系。2009 年 LEED 发布的邻里开发（LEED-ND，LEED for Neighborhood Development），是美国第一部面向街区选址和设计的评价标准与认证体系。LEED-ND 是针对城镇化弊病而开发的，对于美国城市无节制蔓延造成大量土地浪费、能源过度消耗和环境失衡的情况，LEED-ND 结合精明增长、新城市主义和绿色建筑原则的国家标准，整合新城市主义理论、精明增长理论以及绿色建筑理论，可以评估多个建筑甚至是整个城镇，鼓励混合开发使用，"强调设计和施工使建筑结合在一起形成一个街区，再把街区与更大的区域和景观联系起来"。另外，LEED-NC（适用于新建和重大改建项目）和 LEED-ND 体系也关注紧凑型发展布局，配合高效工程系统和设计精良的基础设施及建筑，把密度看成可持续城市发展的一个关键因素。

3. 日本的 CASBEE

CASBEE 全称"建筑环境效率的综合评估体系"，2001 年由"建筑综合环境评价委员会"研究开发，该体系分别给环境荷载（资源使用和生态影响）和环境质量及其性能（室内环境质量和设施）评分，用环境质量及其性能与环境荷载之比体现建筑环境的环境特征，并衡量对环境的影响。

CASBEE-UD（城市设计的建筑环境效率的综合评估体系）是一种环境评估工具，针对大规模城市开发及其相关的户外空间问题，通过评估提高城市规划的可持续性。其适用范围较广，不仅适用于小规模且处在相邻地块的建筑群，也可应用于覆盖成百上千建筑场地、道路、公园的新城区域，其关键在于容积率。

① 城市中心：高使用率的开发（容积率 500% 或更高）。

② 一般地区：一般开发（容积率低于 500%）。

③ 如果项目涉及两个具有不同容积率的地区，使用平均值。

4. 中国的相关体系

（1）香港 BEAM 和 CEPAS

香港理工大学借鉴英国 BREEAM 体系，1996 年研发制定了香港的绿色建筑评估体系（HK-BEAM），该体系基本关注点是大规模高层建筑本身，目的在于为建筑业及房地产业的全部利益相关者提供具有地域性、权威性的建设指南，采取引导措施，减少建筑物能源消耗及对环境造成的负面影响，并提供高品质的室内环境。HK-BEAM 体系所涉及的评估内容包括两大方面，即新建建筑物和既有建筑物。环境影响层次分为"全球""局部""室内"三种。HK-BEAM 体系包括了一系列有关建筑物规划、设计、建设、管理、运行和维护等措施，以保证与香港现有的规划设计规范、标准、实施条例等一致。

然而，对于建筑及其群组产生的负面效应，诸如日照通风遮挡、空气质量恶化等高密度城市背景下的问题，现有的建筑环境评估方法一般都没有加以考虑。因此，香港特别行政区屋宇署制定的"政府政策目标"提出要对开发新的"建筑物综合环境性能评估计划"（CEPAS）进行咨询研究，为香港特区寻找一个"使用友好"和"符合香港地方实际情况的建筑环境评估体系，如高密度城市、炎热等特征"。"建筑物综合环境性能评估计划"提出了 8 个性能分类，即"资源使用、荷载、场地影响、邻里影响、室内环境质量、建筑设施、场地设施、街区设施"。

（2）《住宅性能评定技术标准》（GB/T 50362—2005）

这一住宅性能评价标准，2005 年发布，2006 年 3 月 1 日起实施。适用于城镇新建和改建住宅的性能评审和认定，非强制性标准。从适用性能、环境性能、经济性能、安全性能、耐久性能五个方面评定住宅性能，共 28 个评价项目、98 个评价分项、267 个评价子项，将住宅分为 A、B 两个级别的综合性能，即"执行了现行国家标准且性能好的住宅"和"执行了现行国家强制性标准但性能达不到 A 级的住宅"。其中，根据分值，A 级由低到高又分为 A 级、AA 级、AAA 级三等。

（3）《绿色建筑评价标准》（GB/T 50378—2019）

新版《绿色建筑评价标准》（GB/T 50378—2019）自 2019 年 8 月 1 日起实施，同时 2014 版废止。该标准针对 2014 年版本落地难、新技术体现不足、业主可感知性不足等问题进行了完善修订，由"安全耐久、健康舒适、生活便利、资源节约、环境宜居"5 类指标组成，每类指标均包括控制项和评分项；评价指标体系还统一设置加分项。新标准改变和优化的主要内容有如下 5 个方面：①评价星级方面，增加了基本级，满足所有一级指标的控制项要求即达到了基本级要求；②评价指标方面，一级指标修改为"安全耐久、健康舒适、生活便利、资源节约、环境宜居以及提高与创新"；③计分方式方面，2019 版控制项总分 400 分，评分项总分 600 分，创新项总分 100 分，合计 1100 分；④技术指标方面，新增了 PM2.5、充电桩、绿色建材、质量保险等行业发展热点内容；⑤对于二星级、三星级绿色建筑，本次标准修订提出了全装修的评价前置条件。

（4）《中国绿色低碳住区技术评估手册》（2011 年第五版）

该评估手册在结构架构和内容的设置上，充分考虑了前期设计指导和后期性能评价的综合性。总共分三篇，第一篇为绿色生态住区评估体系（绿色生态住区评估体系阐述了包括住区规划与住区环境、能源与环境、室内环境质量、住区水环境、材料与资源、运行管理 6 个方面的评估内容），第二篇为绿色低碳住区减碳评价（绿色低碳住区减碳评价包括建筑节能减碳、节水减碳、绿化减碳、交通减碳 4 个方面评价），第三篇为绿色低碳住区评价技术指南（绿色低碳住区评价技术指南针对绿色生态住区评估体系内容，结合典型实例提出具体的技术措施）。评价指标分三级，一级为评价体系的六个方面（即第一篇内容），二级为一级评价指标的细化，三级为部分二级指标的进一步细化，最后部分为具体措施与评分 [1]。

通过对国内外八种评估体系的归纳和阐述可知，大多数是建筑单体和社区、街区层次，许多大型建筑环境评估体系提供了一组方法，每一种方法针对一种特定的建筑

---

[1] 聂梅生，秦佑国，江亿 . 中国绿色低碳住区技术评估手册 [M]. 北京：中国建筑工业出版社，2011.

类型、阶段或情况，如从新的办公楼逐步扩大到包括现存的办公建筑、多单元的公寓楼、学校、独立住宅等。不过，已经有现存评估体系在对单体建筑进行评估获得经验后引入了强调比较广泛内容的新的版本，即从单体建筑的尺度向比较大的尺度发展，而不是把建筑性能放到街区、社区和城市的总体背景中去，如美国的 LEED-ND 采取了不同的组织框架以便在更大尺度上看待环境问题；日本的 CASBEE 2006 年公布了"城市设计的建筑环境效率的综合评估体系"（CASBEE- UD）。事实上，建筑环境与生物圈类似，"都是以松动、巢状的层次的形式存在着，它们既是较高层次的部件，又是较低层次的系统"，这种层次应当在跨尺度评估方法的设计中同样明显。随着建筑环境评估方法的发展，跨多种尺度（建筑、街区、城市、区域等）的评估方法或体系会被研发和制定，实现综合可持续协调。

通过研究国内外相关评估手册、评价体系，对比分析了各手册和体系的评估评价主体、逻辑框架、影响因子、指标分类等差异，发现八种评价体系选取的评价因子有高度相似之处，尤其对"生态""低碳""绿色"理念的理解有高度一致性，都在能源资源有效利用、气候影响、环境保护、单体建筑、低碳交通等方面设置了一系列指标，可以判断这些相似因子的重要性，对城市高密度地区生态节能设计体系影响要素系统及细分因子具有重要的映射和借鉴作用。

4.3.2 影响要素系统的选取

吴良镛院士提出"将人居环境科学范围定为全球、区域、城市、社区、建筑五个层次"。运用整体的系统思维来看连续空间层级规划设计与环境议题（表 4-2）。根据上述层次划分，参考 C40 城市集团[1]的低碳城市建设的经验和案例的五种模式（基底低碳、结构低碳、形态低碳、支撑低碳和行为低碳），以及低碳生态的六个门槛（紧凑混合用地模式、可再生能源占比 20%、绿色建筑占比 80%、生物多样性、绿色交

---

[1] C40 城市集团是一个致力于应对气候变化的国际城市联合组织，于 2005 年由时任伦敦市长肯·利文斯顿提议成立，围绕着"克林顿气候倡议"（CCI）来实行减排计划，以 CCI 来推动 C40 城市的减排行动和可持续发展。C40 的中国成员有北京、上海、香港、深圳、武汉。

通占比 65%、拒绝高能耗高排放的工业项目），可以将城市高密度地区的生态节能设计归纳总结为以下四方面。

① 生态节能基底，重视提高能源利用效率，关注新能源的使用，主要体现在交通和建筑的能源资源利用等方面。

② 生态节能形态，包括利用城市环境气候图的绘制进行城市高密度地区的气象分区以及建筑物评估；关注土地利用方式和空间资源的利用，主要是指通过适度均衡的土地高密度集约利用模式、土地功能混合，以及地上、地面、地下空间的合理利用，降低城市高密度地区空间形态运行中的能源资源消耗，是城市高密度地区生态节能设计的重点之一。

③ 生态节能支撑，关注交通的生态节能、高性能基础设施和建筑生态节能技术，是城市高密度地区的重要生态节能物质支撑，且与城市高密度地区的生态节能形态相互结合、影响、互馈、协同，是城市高密度地区生态节能设计的重点之二。

④ 生态节能行为，关注政府人文方面的政策引导，倡导市民树立低碳节能观念，鼓励低碳节能行为。

表 4-2　连续空间层级规划设计与环境议题

全球生态系统	气候变化、生物多样性、海洋富营养化		
次大陆	能源与资源合理利用、本地生物多样性、城乡一体化、生态足迹 景观生态规划：城市用地适宜性评价、生态敏感性评价、"廊道 - 基质 - 斑块"景观格局、景观安全格局模式 本地气候特征、生物气候规划		
区域			
城市与城区	本地自然资源评估与利用：水、植被、土壤、生物、自然净化功能分析、雨水收集、洪水防治、城市基础设施 组团交通、土地利用结构与城市交通、城市空间结构、TOD 发展模式		
城市邻里	物质与能量输入输出与利用：物质能量流分析 堆肥、填埋、焚烧、生物发酵 污染控制与排放最小化 本地微观气候优化、生物气候设计、景观设计 城市密度：地块再划分、容积率分析、高效集约利用土地资源、土地功能混合、TOD 发展模式		
	交通：高效、低能耗、低碳	对外交通：与城市交通网络的衔接	公共交通与私人交通、人流与物流交通
		内部交通：机动交通、非机动交通、人行交通	
	本地能量生产、使用：太阳能、风能、地热能 本地资源利用、污染处理：水资源循环、湿地净化处理、生物发酵、生物制造		

全球生态系统	气候变化、生物多样性、海洋富营养化		
城市邻里	废弃物处理：分类、循环、再利用	工业废弃物：循环工业、污染控制与物质循环利用	
		日常生活废弃物：有机物、无机物、人类排放废物减量、重新利用、循环	
	本地农业发展与绿化规划：生产性的景观		
街区（建筑群）与单体建筑	高舒适度、低能耗、低排放、循环使用	建筑设计：生物气候设计、场地、高效空间、体形	外围护系统设备系统与智能控制系统循环与节约系统
		健康、舒适的室内环境系统	
建筑构件与建筑材料	原材料的采掘、材料与产品的生产、运输过程中的环境影响最小化		

资料来源：蔡志昶.生态城市整体规划与设计 [M]. 南京：东南大学出版社，2014：77.

陈昌勇.空间的"驳接"——一种改善高密度居住空间环境的途径 [J]. 华中建筑，2006（12）：112-115.

对环境产生影响的城市形式要素包括城市空间格局、用地结构、密度与紧凑程度、交通运输模式、街道形式、街区尺度与形式、建筑区与建筑物、市政基础设施、自然环境要素等。如前文对城市高密度地区的界定，它是城市中最具活力且最重要的核心区域，城市的高密度生态节能设计的实质是利用空间规划降低城市能源消耗，立足于本国国情，在本国节能建筑评价体系的基础上充分、科学地借鉴国内外可持续、低碳、生态评价体系（表 4-3）。

表 4-3　国内外相关体系的映射与借鉴

内容	目标
气候	降低开发项目对气候变化的影响，同时确保项目能够适应当前和未来气候变化引起的影响
能源	利用可再生能源和提高传统石化能源的利用效率
资源	项目设计需要考虑在项目建造、运行和拆除过程中有效利用水、材料和废弃物，选择全寿命周期环境影响小的材料
交通	关于居民出行：给居民提供私人汽车之外的其他选择，鼓励步行和骑自行车等健康的出行方式
生态	保护生态环境，努力提高开发项目内部及周围生态环境
商业	为当地商业发展提供机会，同时为居民及开发项目周边人员提供工作岗位
社区	开发项目能够与周边行业、人群等相结合，社区成为有活力的新社区，避免成为封闭社区
场所塑造	注重项目的可识别性，确保人们能够轻易分辨周围道路，同时尊重当地历史和文脉
建筑	提高单体建筑的环境标准，使单体建筑设计能够对整体项目开发的可持续性作出贡献

资料来源：作者根据资料整理绘制。

城市高密度地区生态节能设计体系的构建，需要提取其影响要素，对影响要素进行定性和定量分析，作为生态布局节能优化策略的基础。城市的高密度、生态、节能设计是城市可持续发展的一种高级形态。城市可持续发展专家 Stephen M.Wheeler [1] 教授提出可持续发展的城市必须满足九项条件：紧凑高效的土地利用、减少汽车的使用、交通可达性强、能源资源有效利用、减少废弃物和环境污染、保护自然生态环境、健康的生活居住环境、可持续的经济以及本地文化和智慧的传承。这几项条件从土地使用、交通、资源、废弃物等角度比较全面地反映了可持续城市的要求，得到众多学者的认可。

通常城市高密度地区不存在工业布置，因而要构建其布局设计的生态节能设计体系暂不讨论工业部分，通常经济越发达的城市、现代服务业越发达的城市，建筑能耗和交通能耗在总能耗中的比例越高。因此，城市高密度地区生态节能设计体系从"宏观、中观、微观"三层次入手，划分出"城市级、街区级、地块级"，并划分八大要素系统（目标层），再在要素系统中提取影响因子。其中，宏观视角从能源资源、环境气候、空间形态、人文因素四个方面系统切入；中观视角从街区道路、公共空间与绿化两个要素系统入手；微观视角着眼于建筑群组和建筑单体两个要素系统。

4.3.3 生态节能设计体系总表

影响要素系统的细分即影响因子的提取，根据城市高密度地区生态节能设计体系的"宏观（城市级）、中观（街区级）、微观（地块级）"三层次八大要素系统（图4-3），从各要素系统中提取影响层影响因子。首先，能源资源是城市发展的基底，传统能源的高效利用、可再生能源的开发与应用，以及基础设施所需能源的选取利用等都是减少城市能源消耗的关键所在；城市环境气候影响中的气候因子，太阳辐

---

[1] Stephen M. Wheeler 教授著有《可持续发展规划：创建宜居、平等和生态的城镇社区》，研究领域包括气候变化规划、可持续发展和城市设计。曾担任城市规划咨询师、加州伯克利市交通委员会委员和华盛顿特区环境组织活动家。他的著作，由绿带联盟所出版的指导手册《精密再开发》赢得 2003 年美国规划师协会加州分会的教育项目奖。

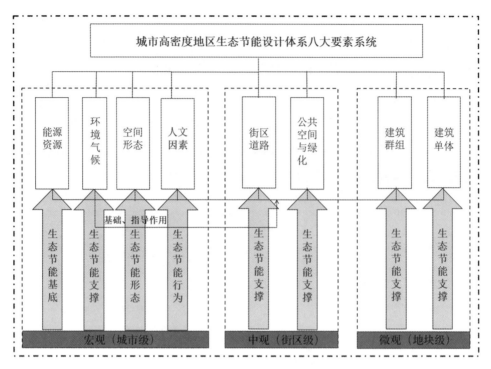

图 4-3　三层次八大要素系统
（资料来源：作者自绘）

射、温度、风、湿度、降水、空气质量等都是与城市生态设计密切相关的气候因子；城市的空间形态、土地利用等是城市布局设计的重点考虑因子；人文因素系统是城市节能的软实力。其次，街区尺度、道路结构、街道峡谷等是中观街区与道路层面中影响布局设计的重要因子；中观层面还需考虑的因子有城市高密度地区公共空间、开放空间、绿化和停车场设计。最后，在微观层面，需要考虑建筑群组，包括群体建筑选址、朝向等，以及建筑单体的生态节能设计。城市高密度地区生态节能设计体系的影响因子总表如表4-4所示。

表 4-4 城市高密度地区生态节设计体系的影响因子总表

序号	目标层	层次	准则层	子准则层	指标层
1					太阳能 A11
2				可再生能源开发与利用 A1	地热能 A12
3					生物质能 A13
4					风能 A14
5			能源资源 A	传统能源高效利用 A2	提高利用效率 A21
6					减少无谓损耗 A22
7					降低碳排放量 A23
8				基础设施所需能源选取 A3	选取 A31
9					利用 A32
10					太阳辐射 B11
11					温度 B12
12					风 B13
13				环境气候图要素 B1	降水 B14
14		环境气候 B		湿度 B15
15					空气质量 B16
16					"五岛"效应 B17
17	城市高密度地区生态节能设计	宏观（城市级）		环境气候应用 B2	气象分区 B21
18					楼宇评估 B22
19					高密度 C11
20				"3H"城市形态 C1	高容积率 C12
21					高层 C13
22				土地混合利用 C2	功能混合利用 C21
23			空间形态 C		兼容模式 C22
24					地下空间开发度 C31
25				立体开发 C3	地下空间开发模式 C32
26					地下、地面、地上空间整合 C33
27				建筑综合利用 C4	城市综合体 C41
28					巨构建筑 C42
29				节能管理 D1	联席会议 D11
30					奖惩机制 D12
31					行业节能标准 D21
32				制度法规 D2	节能管理制度 D22
33			人文因素 D		节能政策、规范 D23
34					低碳节能生活 D31
35				节能观念转变 D3	低碳节能办公 D32
36					低碳节能出行 D33
37					观念转变、宣传与普及 D34

序号	目标层	层次	准则层	子准则层	指标层
38		宏观 （城市级）	人文因素 D	数据库建立与 使用 D4	城市管理者使用 D41
39					开发者与设计者使用 D42
40					城市居民使用 D43
41		中观 （街区级）	街区道路 E	街区尺度与道路 结构 E1	街区尺度 E11
42					道路网络结构 E12
43				道路布局 E2	道路走向 E21
44					节能化设计 E22
45				道路峡谷的利用 E3	D/H 值 E31
46					道路峡谷通风降温 E32
47	城市高密度 地区生态 节能设计				道路峡谷驱散污染 E33
48				多模式交通 E4	公共交通 E41
49					非机动车出行 E42
50					汽车共享与合乘 E43
51					高效换乘 E44
52					清洁能源汽车 E45
53			公共空间与 绿化 F	开放空间布局与 设计 F1	选址 F11
54					尺度 F12
55				生态绿化 F2	水平方向 F21
56					垂直方向 F22
57					绿化相关各种比率 F23
58				停车场节地设计 F3	模式选择与设计 F31
59					节地措施 F32
60		微观 （地块级）	建筑群组 G	选址 G1	场地日照 G11
61					场地通风 G12
62					场地不利因素 G13
63				朝向 G2	朝向与日照、采光 G21
64					朝向与通风/避风 G22
65				群组布局组合 G3	考虑日照、采光 G31
66					考虑改善风环境 G32
67					不同高度建筑群体组合 G33
68			建筑单体 H	建筑形态与 体形 H1	建筑形态 H11
69					建筑体形 H12
70				建筑空间 节能设计 H2	空间功能分区 H21
71					太阳房/产热空间的利用/回 避 H22
72					考虑日照、采光 H23
73					考虑通风/保温 H24

序号	目标层	层次	准则层	子准则层	指标层
74	城市高密度地区生态节能设计	微观（地块级）	建筑单体 H	外围护结构 H3	墙体 H31
75					屋顶 H32
76					门和窗 H33
77					材质与色彩 H34
78				建筑设备 H4	供暖 / 空调系统 H41
79					通风系统 H42
80					电力系统 H43

资料来源：作者自绘。

　　构建体系时在借鉴国外成果经验的同时，应立足于本国国情，指定现有规范、相关配套评价体系、实施导则等与城市高密度地区生态节能设计体系相衔接，为发展城市高密度地区生态节能设计体系配套使用。

　　基于体系中八个影响要素系统的构成关系及影响层和准则层中指标的数量，构建城市高密度地区生态节能设计体系结构模型——正八边形模型。假设正八边形的中心 O 为原点，以 O 为原点，向八个方向发射八条线段 OA、OB、OC、OD、OE、OF、OG、OH，其长度分别代表城市高密度地区能源资源、环境气候、空间形态、人文因素、街区道路、公共空间与绿化、建筑群组和建筑单体，由于八者的并列关系，OA、OB、OC、OD、OE、OF、OG、OH 八条线段的夹角均为 45°，八个影响要素系统下属指标数量所占比例如图 4-4 所示，$ABCDEFGH$ 这个正八边形就是城市高密度地区生态节能设计的体系模型，八个顶点所构成的八边形（阴影部分）面积代表的是城市高密度地区生态节能影响占比的大小。

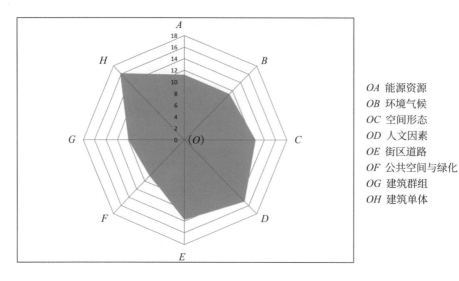

图4-4　城市高密度地区生态节能设计体系中各影响要素系统指标数量占比（单位：%）
（资料来源：作者自绘）

4.4　生态节能设计体系影响要素系统权重的确定

4.4.1　权重设置方法

权重数值是体系内部的相对概念，是主观和客观相结合的综合度量结果，可以体现某一项指标或几项指标在体系中的重要程度。尤其是在节能领域，不同地域、不同气候条件下的城市节能设计和技术措施不同，甚至寒冷气候区与炎热气候区的节能措施正好相反，因此，对城市高密度地区生态节能设计体系中的指标项进行权重计算，度量寒冷气候A区条件下城市高密度地区生态节能设计体系各要素系统的重要程度，以期为后文ⅡA气候城市高密度地区生态节能布局策略提供权衡基础，并与现有社区、建筑节能评价体系配套衔接。

权重计算的常用方法有层次分析法（AHP）、相关系数法、德尔菲法、专家排序法、主成分分析法、二项系数法、因子分析法、模糊分析法和秩和比法（RSR）等。本书采用层次分析法。

层次分析法是定性结合定量的多准则系统层次化分析方法，它将复杂问题分解为多个影响因子，并按支配关系分组以形成有序的递阶层级结构，然后进行因子两两比较判断以确定其重要性，在递阶层级结构内进行合成以得到决策因子相对于目标的重要性的总顺序。

4.4.2 指标权重的确定

在城市高密度地区生态节能设计体系中的所有影响因子中，各影响因子的生态节能贡献率和重要程度不同，因此，需要计算各因子的权重。本书采用层次分析法确定各因子权重。

1.递阶层次结构的建立

如表 4-4 所示，城市高密度地区生态节能设计体系结构划分为目标层、准则层、子准则层和指标层四层级。目标层为以生态节能为目标导向的城市高密度地区设计模式；准则层为直接影响城市高密度地区生态节能设计的八大要素系统；子准则层和指标层是对准则层的进一步分解和细化。本书权重仅计算到子准则层，旨在整合城市规划设计的生态节能策略，指标层中的许多项可以与现行绿色建筑、生态社区等专业领域评价体系衔接。

依据递阶层次结构（图 4-5），设目标层为 A，下一层级准则层为 B，八大要素系统依次为 B1，B2，B3，…，B8，再下一层级子准则层为 C，其分析细化因子依次为 C1，C2，C3，…，C27。

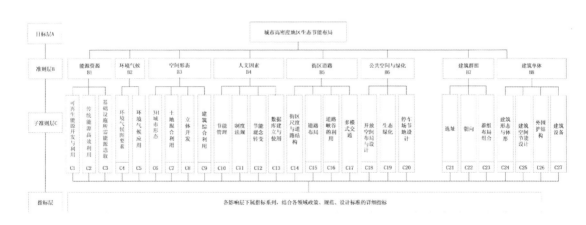

图 4-5 城市高密度地区生态节能设计体系递阶层次结构
（资料来源：作者自绘）

2. 专家调查问卷

城市高密度地区生态节能设计体系涉及众多领域及学科，因此在专家打分环节需要邀请多领域、多专业的专家学者来判定权重。本次权重调查工作共有 32 位专家参加，其中有效问卷 30 份。专家的相关情况统计如表 4-5 所示。

表 4-5　专家基本情况

①专业领域									
专业	规划	建筑	景观	建筑技术	地理	结构	暖通	材料	电气	总数
人数	13	8	2	2	3	1	1	0	0	30
百分比	43.3	26.7	6.7	6.7	10	3.3	3.3	0	0	100

②职称					
职称	教授（教授级高工）	副教授（高级工程师）	讲师	工程师	其他	总数
人数	5	6	4	11	4	30
百分比	16.7	20	13.3	36.7	13.3	100

③学历			
学历	博士	硕士	本科	总数
人数	15	7	8	30
百分比	50	23.3	26.7	100

④工作性质							
工作性质	高校	设计院	政府部门	研究部门	咨询机构	建设单位	社会团体	总数
人数	8	14	4	2	1	1	0	30
百分比	26.7	46.7	13.3	6.7	3.3	3.3	0	100

⑤从业时间				
从业时间	3 年以下	3~5 年	5~10 年	10 年以上	总数
人数	6	14	6	4	30
百分比	20	46.7	20	13.3	100

资料来源：作者自绘。

3. 层次单排序

对同一层次的因子之于上一层次的某要素的重要性权值进行排序。采用和积法计算各比较判断矩阵的最大特征值及其 $\lambda_{\max}$ 对应的特征向量 $\boldsymbol{W}$，设 $n \times n$ 矩阵 $\boldsymbol{A}=(a_{ij})$ $(i, j=1, 2, \cdots, n)$，计算比较判断矩阵 $\boldsymbol{A}$ 中每一列因子的和 S_j

$$S_j = \sum_{i=1}^{n} a_{ij} \ (j=1, 2, \cdots, n) \qquad 公式（4-1）$$

将比较判断矩阵 A 中的各个因子除以该因子所在列的和 S_j，得到新矩阵 A_{norm}，新矩阵的每一列和等于 1，设 $A_{norm} = \{a_{ij}^*\}$，则：

$$a_{ij}^* = \frac{a_{ij}}{S_j} \quad (i, j = 1, 2, \cdots, n) \qquad 公式（4-2）$$

计算矩阵 A_{norm} 中每一行的均值 W_i，得到特征向量 W，即矩阵 A 中各因子的层次单排序权值：

$$W_i = \sum_{j=1}^{n} a_{ij}^* / n \quad (j = 1, 2, \cdots, n) \qquad 公式（4-3）$$

则 $W = [W_1, W_2, \cdots, W_j, \cdots, W_n]^T$ 为所求特征向量。计算比较判断矩阵的最大特征值 λ_{max}，

$$\lambda_{max} = \sum_{i=1}^{n} \frac{(AW)_i}{nW_i} \qquad 公式（4-4）$$

城市高密度地区生态节能设计体系层次单排序矩阵如表 4-6 所示。

表 4-6　判断矩阵

A-Bi 的判断矩阵

A	B(1)	B(2)	B(3)	B(4)	B(5)	B(6)	B(7)	B(8)	W	位次
B(1)	1	1.3567	0.8778	0.8745	2.08	0.76	1.0344	0.1978	0.0933276	6
B(2)	0.737082627	1	1.7568	1.3895	1.52	1.5	0.6835	0.2045	0.100078749	3
B(3)	1.139211666	0.569216758	1	1.2589	1.16	0.55	0.7826	0.5143	0.090394963	7
B(4)	1.143510577	0.719683339	0.794344269	1	0.98	1.24	0.7543	0.5329	0.093702817	5
B(5)	0.480769231	0.657894737	0.862068966	1.020408163	1	1.25	0.2189	0.1953	0.065679357	8
B(6)	1.315789474	0.666666667	1.818181818	0.806451613	0.8	1	0.7937	0.3731	0.093972611	4
B(7)	0.966744006	1.463057791	1.277791975	1.325732467	4.568296026	1.259921885	1	0.2045	0.127787326	2
B(8)	5.055611729	4.88997555	1.944390434	1.876524676	5.120327701	2.680246583	4.88997555	1	0.335056576	1
λ_{max}=8.5386	CI=0.0769		RI=0.4040		CR=0.0548					

B(1)-Ci 的判断矩阵

B(1)	C(1)	C(2)	C(3)	W	位次
C(1)	1	7.1296	5.3584	0.754360697	1
C(2)	0.140260323	1	1.6167	0.136582419	2
C(3)	0.186622872	0.618543948	1	0.109056884	3
λ_{max}=3.0655	CI=0.0328	RI=0.5180	CR=0.0633		

B(2)-Ci 的判断矩阵

B(2)	C(4)	C(5)	W	位次
C(4)	1	5.0926	0.835866461	1
C(5)	0.196363351	1	0.164133539	2
λ_{max}=2.0000	CI=0.0000	RI=0.0000	CR=0.0000	

B(3)-Ci 的判断矩阵						
B(3)	C(6)	C(7)	C(8)	C(9)	W	位次
C(6)	1	2.8889	1.5556	1.7778	0.36793868	1
C(7)	0.346152515	1	0.4778	0.463	0.116119223	4
C(8)	0.642838776	2.09292591	1	3.5556	0.34265193	2
C(9)	0.562492969	2.159827214	0.281246484	1	0.173290168	3
λ_{max}=4.1977	CI=0.0659	RI=0.8862	CR=0.0744			

B(4)-Ci 的判断矩阵						
B(4)	C(10)	C(11)	C(12)	C(13)	W	位次
C(10)	1	5.2593	3.9815	2.7407	0.565106402	1
C(11)	0.190139372	1	1.3074	2.3519	0.177042213	2
C(12)	0.251161623	0.764876855	1	1.4586	0.14009275	3
C(13)	0.364870289	0.425188146	0.685588921	1	0.117758634	4
λ_{max}=4.2058	CI=0.0686	RI=0.8862	CR=0.0774			

B(5)-Ci 的判断矩阵						
B(5)	C(14)	C(15)	C(16)	C(17)	W	位次
C(14)	1	0.6956	1.8519	0.313952028	0.154315093	3
C(15)	1.437607821	1	1.7593	0.193547138	0.163591685	2
C(16)	0.53998596	0.56840789	1	0.20454499	0.096079349	4
C(17)	3.1852	5.1667	4.8889	1	0.586013873	1
λ_{max}=4.0827	CI=0.0276	RI=0.8862	CR=0.0311			

B(6)-Ci 的判断矩阵					
B(6)	C(18)	C(19)	C(20)	W	位次
C(18)	1	0.17088467	0.6815	0.120934082	3
C(19)	5.8519	1	3.8519	0.699546157	1
C(20)	1.467351431	0.259612139	1	0.179519761	2
λ_{max}=3.0001	CI=0.0001	RI=0.5180	CR=0.0001		

B(7)-Ci 的判断矩阵					
B(7)	C(21)	C(22)	C(23)	W	位次
C(21)	1	0.325298461	0.754261578	0.16543874	3
C(22)	3.0741	1	5.2407	0.667427377	1
C(23)	1.3258	0.190814204	1	0.167133883	2
λ_{max}=3.0743	CI=0.0372	RI=0.5180	CR=0.0718		

B(8)-Ci 的判断矩阵						
B(8)	C(24)	C(25)	C(26)	C(27)	W	位次
C(24)	1	1.6852	0.195652599	0.6667	0.121206961	2
C(25)	0.593401377	1	0.181208662	1.1481	0.103154131	4
C(26)	5.1111	5.5185	1	7.7222	0.661478141	1
C(27)	1.499925004	0.871004268	0.129496776	1	0.114160767	3
λ_{max}=4.1299	CI=0.0433	RI=0.8862	CR=0.0489			

4. 层次总排序

在层次单排序的基础上，求出子准则层相对于目标层的重要性排序权值。依据递阶层次结构模型，B 层 m 个关于目标层 A 层的重要性排序权值分别 b_1，b_2，…，b_i，…，b_m；C 层有 n 个因子关于 B 层中任一因子 Bi 的层次单排序的排序权值分别为 C_1^i，C_2^i，…，C_j^i，…，C_n^i，则 C 中各因子对于最高层 A 层的层次总排序权值 c_1，c_2，…，c_j，…，c_n 为：

$$c_j=\sum_{i=1}^{m} b_i C_j^i \ (j=1,\ 2,\ \cdots,\ n) \qquad \text{公式（4-5）}$$

5. 一致性检验

为了避免比较判断矩阵中出现的逻辑错误和量度错误，进行一致性检验。一般有三个步骤。

由公式（4-4）计算比较判断矩阵的最大特征值 $\lambda_{\max}$。

由公式（4-6）和公式（4-7）计算随机一致性比率 CR 值。当 A 矩阵完全一致时，则 $\lambda_{\max}=n$（其中 n 为 A 矩阵阶数）；当 A 矩阵不一致时，$\lambda_{\max} \geq n$，因此用 $\lambda_{\max}-n$ 来度量一致性。

定义一致性指标 CI 为：

$$CR= \frac{CI}{RI} \qquad\qquad 公式 \quad (4\text{-}6)$$

定义随机一致性比率 CR 为：

$$公式 \quad (4\text{-}7)$$

其中：RI 为平均随机一致性指标，与比较判断矩阵的阶数有关。RI 值如表 4-7 所示。

表 4-7　平均随机一致性指标 RI 的值

矩阵阶数	1	2	3	4	5	6	7	8
RI	0	0	0.52	0.89	1.11	1.25	1.35	1.40

矩阵阶数	9	10	11	12	13	14	15	
RI	1.45	1.49	1.52	1.54	1.56	1.58	1.59	

注：当矩阵阶数 $n \leq 2$ 时，矩阵并不存在一致性问题，不必检验。

当 CR > 0.1 时比较矩阵不一致，需要修正；当 CR ≤ 0.1 时，认为比较判断矩阵具有良好一致性。

城市高密度地区生态节能设计体系层次总排序与一致性检验如表 4-8 所示，尽管 CR 略大于 0.1，但是考虑到指标较多，同时各一级指标的单排序满足一致性，所以层次总排序的 CR 也是可以接受的。表 4-9 为城市高密度地区生态节能设计体系的影响因子权重表。

表 4-8　层次序列总表

B-C层次总排序										
C\B	B(1)	B(2)	B(3)	B(4)	B(5)	B(6)	B(7)	B(8)	CW	位次
Bi权重	0.0933276	0.100078749	0.090394963	0.093702817	0.065679357	0.093972611	0.127787326	0.335057		
C(1)	0.754360697	0	0	0	0	0	0	0	0.070402673	4
C(2)	0.136582419	0	0	0	0	0	0	0	0.012746909	20
C(3)	0.109056884	0	0	0	0	0	0	0	0.010178017	25
C(4)	0	0.835866461	0	0	0	0	0	0	0.08365247	3
C(5)	0	0.164133539	0	0	0	0	0	0	0.016426279	17
C(6)	0	0	0.36793868	0	0	0	0	0	0.033259804	11
C(7)	0	0	0.116119223	0	0	0	0	0	0.010496593	24
C(8)	0	0	0.34265193	0	0	0	0	0	0.030974009	12
C(9)	0	0	0.173290168	0	0	0	0	0	0.015664558	18
C(10)	0	0	0	0.565106402	0	0	0	0	0.052952062	6
C(11)	0	0	0	0.177042213	0	0	0	0	0.016589354	16
C(12)	0	0	0	0.14009275	0	0	0	0	0.013127085	19
C(13)	0	0	0	0.117758634	0	0	0	0	0.011034316	22
C(14)	0	0	0	0	0.154315093	0	0	0	0.010135316	26
C(15)	0	0	0	0	0.163591685	0	0	0	0.010744597	23
C(16)	0	0	0	0	0.096079349	0	0	0	0.00631043	27
C(17)	0	0	0	0	0.586013873	0	0	0	0.038489014	8
C(18)	0	0	0	0	0	0.120934082	0	0	0.011364491	21
C(19)	0	0	0	0	0	0.699546157	0	0	0.065738179	5
C(20)	0	0	0	0	0	0.179519761	0	0	0.016869941	15
C(21)	0	0	0	0	0	0	0.16543874	0	0.021140974	14
C(22)	0	0	0	0	0	0	0.667427377	0	0.08528876	2
C(23)	0	0	0	0	0	0	0.167133883	0	0.021357592	13
C(24)	0	0	0	0	0	0	0	0.121207	0.040611189	7
C(25)	0	0	0	0	0	0	0	0.103154	0.03456247	10
C(26)	0	0	0	0	0	0	0	0.661478	0.221632601	1
C(27)	0	0	0	0	0	0	0	0.114161	0.038250316	9
层次总排序一致性 CI＝0.0145			RI＝0.6815		CR＝0.1037					

资料来源：作者自绘。

表 4-9　城市高密度地区生态节能设计体系的影响因子权重表

目标层	准则层	一级权重	子准则层	二级权重
城市高密度地区生态节能设计	能源资源 A	0.0933	可再生能源开发与利用 A1	0.0704
			传统能源高效利用 A2	0.0127
			基础设施所需能源选取 A3	0.0101
	环境气候 B	0.1000	环境气候图要素 B1	0.0836
			环境气候应用（气象分区、楼宇评估）B2	0.0164
	空间形态 C	0.0903	"3H"城市形态（高密度、高容积率、高层）C1	0.0332
			土地混合利用 C2	0.0104
			立体开发 C3	0.0309
			建筑综合利用 C4	0.0156
	人文因素 D	0.0937	节能管理 D1	0.0529
			制度法规 D2	0.0166
			节能观念转变 D3	0.0131
			数据库建立与使用 D4	0.0110

目标层	准则层	一级权重	子准则层	二级权重
城市高密度地区生态节能设计	街区道路 E	0.0658	街区尺度与道路结构 E1	0.0107
			道路布局 E2	0.0063
			道路峡谷的利用 E3	0.0384
			多模式交通 E4	0.0113
	公共空间与绿化 F	0.0940	开放空间布局与设计 F1	0.0657
			生态绿化 F2	0.0168
			停车场节地设计 F3	0.0114
	建筑群组 G	0.1278	选址 G1	0.0211
			朝向 G2	0.0852
			群组布局组合 G3	0.0213
	建筑单体 H	0.3351	建筑形态与体形 H1	0.0406
			建筑空间节能设计 H2	0.0345
			外围护结构 H3	0.2216
			建筑设备 H4	0.0382

资料来源：作者自绘。

4.5　生态节能设计体系模型与操作法则

依据城市高密度地区生态节能设计体系，指导实施操作法则有三。

1. 全面多项的生态节能设计

该法则适用于城市新建区域。城市新建地区往往起因于城市的向外扩展和原城市的功能分散，其建设过程中城市规划和设计策略的制定早于建设。因此，城市新建区域能够根据高密度、集约化、可持续的生态节能原则进行规划布置。相较于旧城区域，新建地区的自然生态环境较为简单，其土地、自然植被、河流等生态环境要素没有遭到人工建设活动的破坏，可以实施全面多项的生态节能设计策略，并且操作性更强。全面多项的生态节能设计策略，是遵循城市高密度地区生态节能设计体系中多层面生态节能设计的。

2. 局部更新优化的生态节能设计

该法则适用于原有城市高密度地区的更新再开发。原有城市高密度地区往往是城市在漫长发展中的历史缩影，基本格局已经形成，以改造更新为主。由于土地、建筑权属等问题，更新改造一般是局部地段的土地性质转移和功能的转化，将其进行局部更新、复兴优化的生态节能设计。将原本老旧、不生态、高能耗、不安全的街区进行更新复兴，再通过开发适当提高密度、容积率，对其进行节能高层建筑建设，抑或是在不进行拆建更新的基础上实施交通等层面的生态节能策略，使城市在漫长的发展过程中逐步发展为高密度的、生态节能的城市核心区域。

3. 局部单向优化的生态节能设计

该法则适用于城市高密度局部地块，或街区的优化，或再开发，是单向问题、单向解决的优化理念。针对城市局部街区或地块的生态节能优化，多数仅是对建筑的生态节能进行优化改造，或是对街区交通单向行驶进行规定。虽然仅是单向指标的优化，但是对城市生态节能优化的积极响应。并且对建筑和交通的高能耗来说，单向指标优化的节能潜力不容小觑。

5

寒冷气候城市高密度地区
生态节能设计策略

城市化进程面临着资源、能源和环境的巨大挑战，城市节能是城市规划的一个目标，是多领域交错、融合的综合性问题，需要在城市规划与设计层面上统筹协调，实现整个城市的节能，例如，城市能源系统的低碳化、降低城市交通能耗、既有建筑的节能改造、通过智能建筑设计与景观处理来加强或减弱小气候的影响等。城市本身就是一个复杂的巨系统，其高密度地区更因人口、物质流、信息流等高度集中而导致高能源消耗且肌理更为复杂。本章依据前文城市高密度地区设计体系框架，针对现状布局引发的矛盾和环境失衡，基于城市高密度地区对生态节能设计要点和策略进行探讨。

依据前文寒冷气候城市高密度地区生态节能设计体系，提出以生态节能为目标导向的城市高密度地区的规划设计策略，从基底、形态、支撑和行为四方面切入，整个生态节能的城市犹如一座中国古建筑（图5-1），生态节能基底是台基，起到基础、稳定和根基的作用，第一节予以讲述；生态节能形态，第二节予以讲述；生态节能支撑的五个策略是整座建筑的柱子，起到支撑的作用，第三节至第七节予以讲述；生态节能行为则是居住在这座古建筑的人们的日常生活、工作等活动，即在良好的生态节能物质环境中低碳健康的生活，第八节进行讲述。

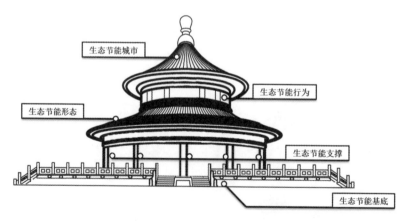

图 5-1　寒冷气候城市高密度地区生态节能设计四方面策略关系比拟
（资料来源：作者自绘）

5.1　能源利用的节能优化策略

本节主要讲述寒冷气候城市高密度地区生态节能基底。尽管过去的 200 年人类极端依赖于石化资源，但是石化资源时代仅是人类发展中的一个短暂阶段，人类发展需要寻求、开发和开采新的能源资源，尤以可再生资源为最佳。城市高密度地区因其人口密度高可以有力地推进应用集中的能源系统（如供热和电厂相结合的能源系统）而具有高效利用能源的优势，但是城市高密度地区的高层建筑簇团布局，常常缺少足够的空间安装综合可再生能源系统，因此，需要选用适合城市高密度地区的可再生能源，调整供应和使用关系。

5.1.1　可再生能源的利用

人类使用能源的时间可以大致划分为四个时期：柴草时期、煤炭时期、石油时期和可再生能源时期。在这四个时期中，前三个是人类已经经历过和正在经历的，第四个时期能否实现还依赖人类社会的主观意愿、相关材料的发展和科技水平的提升。尽管如此，太阳能、地热能、风能、水能、潮汐能、生物质能等可再生能源已经进入人类视野并有待大规模开发。大部分可再生能源其实都是太阳能的另类储存，它们具有使用过程清洁、无温室气体排放、可循环使用等优势，用可再生能源代替常规化石能源，不仅可以解决传统能源供应不足的问题，重要的是还可以避免能源消耗对环境造成污染。

英国皇家建筑师学会副主席兼可持续发展部部长、诺丁汉大学可持续能源研究所特别教授彼得·F. 史密斯在其 2007 年出版的《尖端可持续性——低能耗建筑的新兴技术》中，比较详尽地讨论了特定能源的选择方案，尽管这些不可能满足大规模高密度城市的全部需要，但是仍可为政府、城市规划师和开发商对于城市发展及其规划设计等提供新能源保证。实际上在寒冷气候城市高密度地区，许多可再生能源的使用还存在一定的障碍，并不予推荐。

① 水力发电尽管可以为高密度城市输送电力，但其除了有较高成本以外还会以淹没粮田、迁徙社区等损害自然环境的行为作为代价，因此也不适合作为高密度城市的

可再生能源利用。

② 波浪和潮汐发电，也会在一定程度上产生很大的环境问题，即使选址得当，还是具有能量密度低、地域性强、开发困难、影响航运等缺点，也不适合为高密度城市地区所用。

③ 核能，虽然核电站二氧化碳排放低，可以给高密度城市提供能源，但是核电站生产周期较短，并且核电站会导致严重的安全隐患。核电力并不被推荐作为高密度城市的一种选择。

被推荐作为城市高密度地区提供能源的可再生能源可以有以下几种。

1. 太阳能

人类对太阳能的利用分为光热利用和光电利用。

太阳能的光热利用，是运用科技手段将阳光聚合产生热水和蒸汽供使用。在建筑方面，可以使用平板集热器或真空管集热器等设施主动收获太阳热能，其中，真空管集热器价格昂贵，但比平板集热器更有效率。3~5 m² 集热器所收集的太阳热能足够为一个家庭供应热水，同时还可以安装诸如热水罐等热水储备设施。比起燃烧能源和电加热获取热水，利用集热器和热水储备设施收集太阳热能的成本比较低。

太阳能的光电利用，通常是用镜面收集太阳能，利用产生的较高的温度去推动涡轮发电，但是这种方法适用于天气晴朗的赤道附近城市和地区，在寒冷气候条件的高密度城市，需要利用光伏发电系统。光伏发电是利用半导体制成的光伏太阳能电池板将太阳能直接转换为电能，但无论是高效率的硅材料 PV 设备还是低效率的非晶硅设备，光伏发电系统的成本都很高，并且目前研究基本是在低密度城市地区进行。城市高密度地区很难满足安装光伏发电设施的要求，一来需要足够规模的表面，二来需要避开相邻建筑的阴影遮挡。但是随着科技的进步和城市的更新再开发，可以将光伏发电设备作为道路铺设表面、建筑立面、建筑屋顶设计的一部分，或者在窗户遮阳设施中安装光伏设备。另外还可以在城市之外的低密度地区建设相当规模的光伏发电站，通过电网把电力送到城市高密度地区。

2. 地热能与热泵（地下、空气和水）

地热能是地球内部熔岩的热力能量，其能量巨大。地热往往会造成地震、火山爆发等自然灾害。仅地下 10 km 厚的一层，储热量就达 1.05×10^{26} 焦耳，相当于 9.95×10^{15} 吨标准煤所释放的热量。地热能不受天气状况的影响，地热能既可以直接取用，也可以抽取其能量用以发电，其原理为高温的熔岩使附近的地下水得以加热，这些变热的地下水渗出地面或被人为开采利用，如利用地下热水取暖、建温室、进行温泉沐浴、水产养殖等。许多国家和地区采用梯级开发和综合利用的办法提高地热利用率，诸如热电联产联供、热电冷三联产、先供暖后养殖等。表 5-1 列出了不同温度的地热流体可能利用范围。

表 5-1　不同温度的地热流体可能利用范围

温度 /℃	可利用范围
20~50	沐浴、水产养殖、饲养牲畜、土壤加温、脱水加工
50~100	供暖、温室、家庭用热水、工业干燥
100~150	双循环发电、供暖、制冷、工业干燥、脱水加工、回收盐类及罐头食品
150~200	双循环发电、制冷、工业干燥、供应热加工
200~400	直接发电及综合利用

数据来源：王海松，仲昱雯．节能城市——城市的智慧 [M]．上海：格致出版社，上海人民出版社，2010：14.

　　热泵是一种与制冷系统使用相同热力学原理的装置。通过输入能量（通常以电的形式供应给压缩机）使热在较低温度和较高温度间移动。例如，在需要供热时，热泵把周边环境中的热送到建筑中，或者在需要制冷时，空调系统把房间里的热抽送到户外环境中。热泵有三种类型，与外部空气相连的系统是空气源热泵，从地下取热的叫作地源热泵，从水里抽取热的热泵被称为水源热泵。其中地源热泵和水源热泵效率更高，因为地下和水中的能量密度大于空气中的能量密度。

　　在有河流的地区，使用水源热泵已经很多年了，技术成熟、经验丰富。现在，地源热泵逐渐发展，既可以冬天供暖，也可以在夏季降温，但是需要其使用地区的地下热源温度稳定。而深井系统水源热泵还要求在水中有大型的热交换区，并且对衔接热泵的材料、地下管道系统等都有较高的要求。对于高密度城市，空气热泵比较容易影响城市气候，地源热泵和水源热泵具有较高的开发价值和潜力。另外，热泵的应用需要能源来驱动，主要是电力驱动，在适当的情况下也有可能是热吸收制冷循环，若驱动能源采用可再生能源，对于高密度城市将具有十分可观的节能效能。

3. 生物质能

　　生物质由地球上动植物的有机材料组成，由于直接或间接的绿色植物光合作用，生物质能是以生物质为载体贮存化学形式太阳能的能量形式。生物质能是继煤炭、石油、天然气之后世界能源消费总量第四位的能源。人类利用的生物质能有农林废弃物的直接或间接燃烧以及人类产生的废料等。

由于城市高密度地区并没有用作耕种农林的空间，而"城市外且靠近的地方"通常又处于城市扩展备用计划中，距离城市较远地区进行生物质生产则需耗费较高的成本使用电网与其连接。因此，高密度城市对于生物质能利用的较好方式是通过焚烧城市自身及其居民产生的垃圾提供热和电力，但其前提是建立有效率和有效果的垃圾收集系统和下水系统，对造成的或潜在的负面影响和其他成本，进行全面的循环分析和必要的处理手段，以遏制环境污染。如瑞典马尔默（Malmö）的"Bo01 欧洲住宅展览"上展示出的例子，生活垃圾遵循"分类、磨碎处理、再利用"的原则处理[1]。

4. 风能

地球上风能资源巨大，各国风力发电机组的数目以及最大风力发电机组的规模都在不断增加，但风能设备通常都安装在边远的风口地区。即使安装在屋顶的小型风力发电设备，高密度布局的建筑物还是会影响风力，并且会产生噪声和安全隐患。因此，风力发电不适合单独解决城市高密度地区的电力问题，如果风力发电不并网且仅作为高层建筑备用电力或辅助电力，还是十分有效的。

在高密度城市，风能大规模利用所面临的问题主要是是否有适当的位置、空间规模和风力资源。通过发展高空[2]风电可以解决高密度城市对风能的利用问题。高

---

[1] 处理流程为：① 居民先将生活垃圾分为食物类垃圾和其他类干燥垃圾；② 把分类后的垃圾通过小区内两个地下真空管道连接到市政相应处理站进行处理，通常食物垃圾经过市政生物能反应器转化生成甲烷、二氧化碳和有机肥，其他类干燥垃圾经焚化产生热能和电能，足够满足每户公寓全年的正常照明用电。将建筑垃圾细分为 17 类，以提高垃圾回收利用效率；此外为减少建设现场的建筑垃圾量，很多开发单位采用工厂预制的方式生产住宅建筑的部品。Bo01 小区的污水则通过市政管网并入市政污水处理系统，并由多个厂房进行处理，其中一个厂房负责将收集的污水进行发酵处理从而生产沼气，经净化后可以达到天然气的品位；还有一个厂房是对污水中磷等富营养化学物质进行回收再利用，如制造化肥，以减少其对生态系统的破坏。
[2] 高空可以粗略分为高层和高空层。高层为地面以上 50~600 m，风力状况较平稳，适合风力发电；高空层即对流层，风况不适合发电。

空的风能储量比地面丰富和稳定得多，风能储量随着高度的增加以接近三次方的速率增加，因此高空风电是利用高空的风来发电，并不需要架设风力发电机（叶片旋转发电）。图 5-2 为地表太阳能密度、距地表 50 m 及 10 km 的风能密度，图中显示南、北温带地区高空风能密度较高，而这些地区恰好是经济发达、人口众多、用电需求大的地区。

　　高空风电现阶段有两种模式：①"空中飞行 - 地面发电"模式，即放飞到高空的轻量级飞行器对牵引缆绳的拖拽使地面发电装置运行；②"空中飞行 - 空中发电"模式，由轻量飞行器搭载风力发电机，边飞行边发电或像热气球一样在空中静态停留，然后通过带金属芯的缆绳把电能传送回地面。高空风电的发展瓶颈是电力传输问题：如果采用电线传输则距离受限，材料受限；如果采用无线传输，目前还没有成熟技术，需积极发展探求。

　　法国工程师杰罗姆·米肖 - 拉里维耶尔（Jérôme Michaud-Larivière）及其科研组历时 3 年研发出了高 7.8 m 的风力发电树（图 5-3），其原理是通过人造树叶内的小叶片发电，对风向和风速要求较低[1]，其发电能力是传统风力涡轮机的 2 倍，不会产

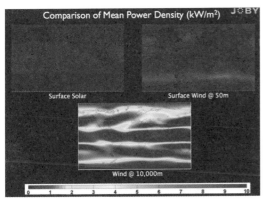

图 5-2　地表太阳能密度和不同高度的风能密度图
（资料来源：Archer C L and Caldeira K. Global assessment of high-altitude wind power[J]. Energies, 2009（2）: 307–319）

图 5-3　风力发电树及其叶片细节
（资料来源：环球网博览[DB/OL]. http://look.huanqiu.com/article/2014-12/5224137.html）

---

[1] 7.2 km/h 的风就可发电，不论什么风向和低风速都可以运行。

生噪声，研发者期望未来风力发电树可以利用街道峡谷气流给 LED 路灯或电动汽车充电站提供电力，或与太阳能光伏发电、地热发电、节能建筑等其他方法结合。由于成本较高，其广泛推广还需深入研究。

此外，在寒冷气候条件下城市高密度地区高层建筑优化能源使用的方法还有：① 高层建筑较之于一般建筑遮挡较少、吸收阳光的面积大，因此可以通过使用光伏建筑一体化（BIPV）系统获得太阳能以提供电能（图5-4），并且建筑西墙安装此系统还可以避免建筑的西晒。安装光伏建筑一体化系统会使建设成本增加 8.5%，但能够使能源消费减少 40%。② 在高层建筑顶部、中上部安装风力发电机组有效利用风能（图 5-5~ 图 5-7）。

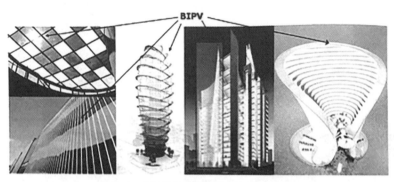

图 5-4　高层建筑多种综合光伏系统设计

（资料来源：Shin S W. "A Way to Sustainable Super Tall Building Industry", proceedings of 11th international symposium of Korea Super Tall Building Forum, Architectural Institute of Korea, Korea, 2009: 3-19）

图 5-5　风力发电机组案例

图 5-6 巴林世界贸易中心风力发电装置

图 5-7 埃菲尔铁塔风力发电装置
（资料来源：美国新能源解决方案供应商 Urban Green Energy（UGE））

5.1.2 提高常规能源使用效率

在积极开发新能源、可再生能源的同时，要实现常规能源的高效利用，以减少化石能源消耗，降低碳排放。

提高一次能源的使用效率通常有四种途径：① 积极开发应用高热值煤制气、超临界发电等一次能源高效利用技术；② 加大能源梯级利用，通过高品位能源逐级梯级利用，多次利用；③ 加强能源的综合利用，例如通过三联供系统解决供热、供冷、发电和热水供应等多种用能需求；④ 降低能源供应和输送的损耗，实现就近供应和利用，从而减少从能源供应到消费过程中存在的浪费。

对能源进行循环再利用，如将工业余热用于民用建筑采暖，城市主干道、桥梁下背阴区域等融化积雪和冰冻，其建设费用并不高，据测算，当降雪强度为 25~27 mm/h 时，融化 10mm 的积雪需要热量 142 W/m^2；再如，通常生活污水经处理后温度较高，可以用于加热公交站亭和融化人行道上的积雪和冰层。

另外，需要建立智能化能源供应管理系统。通过建立集能源生产、传输、转换，以及气象和能源消费监测的数据信息采集体系，重点建设智能电网、热网，形成智能化的能源供应控制指挥系统，形成常规能源与新能源、可再生能源，分布式能源与集中能源互补供应的高效率、低排放且安全运行的能源供应体系。

5.1.3 提高基础设施性能

高效的市政基础设施是高效利用能源资源、实现物质与能量循环利用的重要途径。提高城市基础设施综合性能，以系统的方法在规划、选址、设计和施工等阶段对城市基础设施进行安排，协调生态效益和经济效益。高性能基础设施整合式设计不仅系统性强、能耗低，还增加了土地价值和环境效益，有效控制了成本，降低了运营和维护等费用。

1. 分布式能源

分布式能源的定义有很多种。北京燃气集团结合我国国情将其定义为："相对于传统的集中供电方式，模块化小规模且小容量（数千瓦至 50 MW）地将冷热电系统分散布置在用户周围，并且可以独立输出冷、热、电能的系统。分布式能源包括太阳能利用、风能利用、燃料电池和天然气冷热电三联供等多种形式。"

分布式能源系统靠近用户并且分散设置，具有能源多样化、利用效率高、环保节能、传输损耗小、经济效益好和相对安全等特征，因而得以快速发展。

我国分布式能源起步较晚，主要集中在北京、上海、广州等大城市。城市高密度地区功能复杂，能源需求量大，适合采用分布式能源系统，可将其应用于高密度建筑及群组，如医院、宾馆、商厦、写字楼、综合体、体育馆、文化馆等商业建筑和公共建筑。高密度环境下采用分布式能源系统，能够避免由大电网出现故障导致大面积能源中断的危险，因此城市高密度地区采用分布式能源与大电网配合的模式，峰值的高峰量由分布式能源系统提供，大电网以满足平均能耗为主，可以减少大电网为满足峰值能耗所需的巨大投资。

2. 区域供热／供冷和热电系统

我国寒冷气候 A 区冬季较长且寒冷干燥，夏季比较炎热、日照丰富，冬季采暖需求与夏季制冷需求并存，由于我国采暖系统效率不高，空调供冷效率大于集中供热效率，加之城市高密度地区用电负荷巨大，特别需要选择一种供热、供冷与热电联产系统的电力生产相联系的能源系统。区域能源系统由中央工厂负责生产电能、热水、蒸汽和冷却水，然后通过地下管线将能源分配至与该系统相连的建筑物中，其优势在于不仅能够高效利用传统能源，还可以结合利用太阳能、生物质能、地热能等可再生资源，以及城市固体废物、木材废料、污水设施中的甲烷等非传统未利用资源。

区域能源系统可以利用电力生产中的大量热能来生产蒸汽、热水和冷却水，这样不仅可以减少传统化石燃料电厂带来的大量热污染，还提高了能源转化效率。这种通过将热能和发电技术相结合的方式来实现的区域能源系统称为区域供热/供冷和热电系统，具有三大特征：① 适用于能耗负荷密度较高的状况，负荷密度取决于单位建筑面积的热负荷量、楼层数，以及区域内建筑物的总数量；② 适用于年负荷因子较大的状况；③ 适用于高效的管道网络系统，使终端用户与能源中心紧密相连。这三大特征正好符合城市高密度地区对能源系统的要求：在城市高密度环境中，热能的消耗量在全年中相对平衡，持续的能源消耗量巨大，所以不存在投入资金和管道网络建设成本浪费在短暂能耗高峰期中的现象；而且现在建筑越建越高，在垂直方向上需要有较大的能耗负荷，需要地下有复杂且高效的管道网络。由此可以看出，区域供热/供冷和热电系统适用于人口密集的地区和高密度建筑群，因此其非常适合作为城市高密度地区的能源供应系统。能源供给与储存情况如图 5-8 所示。在城市高密度地区土地成本较高，可以区域供暖或供冷设备和城市的停车场相结合。

3. 公共照明规划以减少电力消耗

在城市化快速发展的现代城市，城市高密度地区因其功能复合、人员高度集中、日活动时间较长等特征，夜生活逐渐丰富，"亮"工程在一定程度上反映了城市的美化程度及城市经济的增长速度。

夜晚公共照明成为城市高密度地区必不可少的重要基础设施。公共照明主要包括为人们在夜晚的商业活动和安全设置的照明设施，还包括为商业宣传而采用的霓虹灯、电子显示屏、电动显示器、灯管及广告射灯。公共照明因亮度过高、照明时间过长，会导致光污染、眩光现象等。因此，需要慎重考虑公共照明的位置，尽量设置

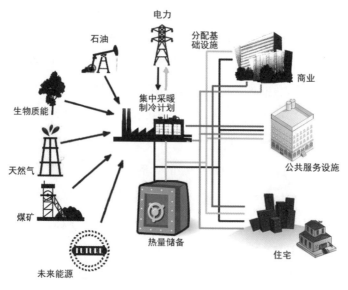

图 5-8　能源供给与储存示意图
（资料来源：作者根据 District Energy St. Paul 修改绘制）

在需要使用照明的地方，如车辆和行人有潜在冲突的地区、指示或路标系统、需要渲染氛围的建筑外立面等。除此之外，合理的照明设计还需要确定照明分区，公共照明应根据亮度等级和地区功能属性进行分区，照明区的普通照明标准和说明如表 5-2 所示，城市核心区的照明设计标准更高一些，城市边缘及乡村的照明设计标准较低甚至不需要照明（2007 年 LEED-ND 推出了夜间公共照明标准）。在城市高密度地区照明设计标准应以表 5-2 中 LZ4、LZ3 和 LZ2 为参考来确定。

另外，还需要基于减少能源消耗、消除夜间光环境的不利影响来制定如下规定：① 将政府控制细化为街区和社区单独控制；② 将道路照明系统融入道路系统；③ 商业区的灯光广告采用泛光照明、内透光照明等节能形式；④ 商场、娱乐场所和宾馆等商业建筑或商业宣传采用动态照明，注意色彩或图案转换次序性和规律性，避免纷乱。

表 5-2　照明区的普通照明标准和说明

分区	LZ0 乡村和保护区	LZ1 保护区和近邻	LZ2 普通住区	LZ3 城市中心区	LZ4 城市核心区
基本路灯照明 / （流明/平方英尺）	1.25~1.6	2.5~3.2	3.3~4.2	7.6~9.7	10.9~13.9
基础标准 / 流明	0	17000	24000	44000	60000
照明设计标准	不需要环境 照明	很低的环境 照明	较低的环境 照明	中等环境照明	较高的环境 照明

* 最小限度的照明应该在多数时间内关闭。

图表数据根据以下资料编制：标准照明条例（草案），北美照明工程学会（IESNA）和国际暗天协会（IDA）发布的相关文件。

资料来源：2007 年 LEED-ND 推出的夜间公共照明标准。

4. 雨污资源化处理

（1）雨水资源化处理

城市内部大量硬质铺地的地表径流、排水工程系统的老旧和设计标准落后往往会造成城市内涝频现。实际上，一个地区的水文模式及其特点是长期形成的，与降水、地下水系统、湖泊、河流、溪流、湿地，甚至动植物的复杂化和多样化等关系密切。城市高密度地区对土地高强度的开发和利用方式会改变水文、水质等。

传统的为消除水害和开发利用水资源而修建的水利工程，在雨水的收集、运送和临时储存方面存在不足，对水系统的稳定性造成了严重影响。当大量降雨时，不但造成城市内涝，而且因雨水渗透困难造成补充地下水不足，标准水位下降；原本可以被当作资源充分利用来调节水量的雨水，在城市高密度地区除了导致内洪水频发，还在流经道路、停车场等其他不透水表面时将污染物带入下水道中，造成生态环境和经济损失。因此，需要采用与传统的雨水工程不同的做法，对雨水资源进行可持续处理，而不是收集排走。目前已出现了许多实用、经济的设计和创新技术，对雨水进行有效的收集、净化、引流、回收和过滤，逐渐稳定地下水水量，并使地下水恢复到恶化前的水文和水质状况，积极将雨水资源化利用，达到节约水资源的目的。雨水收集利用如图 5-9 所示。

（2）污水资源化处理

从 20 世纪后半叶出现能够处理掉污水中氮、磷、钾等成分的设施开始，污水不再被作为废水，而被作为资源加以利用，诸如灌溉绿地和高尔夫球场、进行水管种植栽培等。随着对病菌细菌认知的不断加深，运用科学的方法使污水资源化已不是难题，但仍需从可持续发展的生态节能角度来处理，从城市高密度地区本身场地特点、经济成本等方面综合考虑能源消耗、温室气体排放以及社会、经济成本及运营维护成本。

①在污水处理系统设计中增加节能目标，例如提高污水中营养物质及能量的再利用率，降低运行和维修（包括牵引和处置污泥）的能耗等。

②污水生态处理设施可以结合人工湿地、停车场等来节省用地，并通过生物方式对污水进行净化和再利用处理，将之用于绿化灌溉，促进植物生长。还可以根据相关需求收集污水中的营养物质，对其进行处理后，再满足高密度环境中的其他需要。

③整个污水处理、再利用过程的许多节点都可以作为公共活动、艺术交流的场所，从而节约用地，切实提高空间使用效率。

图 5-9　雨水收集利用示例
（资料来源：仇保兴 ."共生"理念与生态城市 [J]. 城市规划，2013，37（9）：9-16）

5.2　空间形态的最优节能设计策略

本节主要讲述寒冷气候城市高密度地区生态节能形态，分别从以下方面论述。

5.2.1　"3H"开发最优生态节能值（域）控制方法

在城市中土地开发强度主要用容积率、建筑密度、建筑层数等几项指标来描述，并且土地开发强度高，城市可容纳人口就多，人口密度就大，可以通过有效控制土地开发强度来控制城市化发展进程。在"3H"城市发展模式下，对"3H"发展模式进行定性和定量分析，建立"3H"开发最优生态节能值分析框架（图 5-10），以生态节能为目标导向，研究土地开发强度各指标的最优节能值（域），进行分区分管、分级管控，寻求最优生态节能方案以控制城市物质形态，以期解决城市高密度地区的高能耗问题和环境恶化问题。

1."3H"开发最优生态节能值

（1）最优人口密度

尽管高密度的发展会带来积极的方面，但是密度存在着明显的"倒 U 形"特征，且不同城市的高密度机制存在差异。因此，要依据不同的城市形态和特征实现最优密度，使土地城镇化与人口城镇化协调推进，在避免低效土地利用或闲置的"空城"和

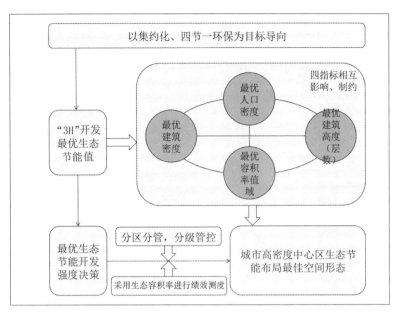

图 5-10　"3H"开发最优生态节能值分析框架
(资料来源：作者自绘)

"鬼城"现象的同时，也避免了由人口拥挤造成的各种"城市病"。城市人口密度存在一个合理的值，该值与城市地理气候条件、经济发展强度和城市居民文化偏好等要素相关。

城市人口密度的最佳限值与城市基础设施水平相关，取决于城市环境承载力与基础设施承载力，包括能源资源供应能力、城市交通供应与承载力、城市公共设施供给能力、建筑物能耗等。随着科技的发展和城市基础设施建设水平的提高，城市最优人口密度的数值是动态变化的。从城市建设投资来看，当基础设施的投资成本超过了土地高密度开发带来的效益时，城市人口密度达到临界值。

（2）最优建筑高度（层数）

提高城市的人口密度会带来一些积极的影响，如节约土地、降低基础设施和能源使用成本，减少交通领域能源的使用，减少出行的时间和经济成本、小汽车使用和车辆二氧化碳排放的环境成本等。高密度人口需要更多的垂直空间去容纳，因此，城市在不断地"向天空借空间"，发展高层建筑。

通常城市中的最高建筑是这座城市的地标或重要节点，不仅如此，高层建筑的重要性还体现在它所产生的环境、社会、文化、经济、技术等多种连锁效应上，如表5-3

所示，高层建筑所表现出的连锁效应，使城市走向紧凑型并且增强竞争力。与此同时，高层建筑极具可持续发展的特征，诸如释放更多的地面空间、容纳经济的增长以及减少环境荷载等，其可持续效率分析如表5-4所示。在寒冷气候的城市地区，密集的人类活动产生的热和高层建筑所引起的有限的天空视野，使城市的降温速率比乡村地区的降温速率低很多，使得城市可以在适当的热岛效应环境中减少冬季采暖的能源消耗，使热岛效应发挥一定的正面效应。

表5-3　高层建筑的连锁效应

类别	正面效应	负面效应
环境连锁效应	对其存在的环境有改变，但可以尽力控制到最小；需要对周边生态系统进行保护和修复	建设使用的原材料增加；能源消耗增加
社会连锁效应	通常作为里程碑式标志性建筑；容纳高密度的人口，为其及周边开发提供机会	由高密度流动人口带来的环境污染；有可能引起周边地区交通拥堵
技术连锁效应	有利于提高高层建筑的抗洪、抗震和隔声等技术；有利于建材、设计建设、施工、墙体等技术发展	—
文化连锁效应	增强城市形象，利于发展城市旅游；增加愿景和合作	从文化上反对巨型化；存在居民心理压抑的可能性
经济连锁效应	增加就业机会；使周边设施得到更新；提高附加价值；品牌认定带动其他工业生产	耗资巨大（建设成本、维护成本等），以建设成本为例：1幢60层建筑的建设成本是2幢30层楼建筑的1.3~1.4倍；1幢100层建筑的建设成本是2幢50层楼建筑的1.7~2倍

资料来源：作者根据资料整理。

表5-4　高层建筑可持续效率分析

内容	分类	效率分析
环境效率	土地资源的整合和环境保护	土地资源是有限的自然资源，应通过增加资源的投入（建筑）整合并重新使用，遏制城市蔓延。建设紧凑型城市，平衡协调"开发"与"保留"，保护自然，如在开发绿色场地之前应重新利用褐色场地；提供一站式服务（在有效面积上综合提供商务、商业、娱乐、文化及其他服务），对高层建筑进行三维综合利用
	节能和减少环境污染	减少使用私家车，积极利用公共交通，从而减少交通开支和减少停车空间；节约能源，进而达到减少空气污染的目的；如若使用光伏建筑一体化系统、采用双层外墙体系等，高层建筑可以使用风力发电系统以便节约更多能源

内容	分类	效率分析
社会效率	减少交通和基础设施开支	高层建筑对土地进行综合利用使一站式服务成为可能，鼓励一次出行实现多种目的，有效减少交通支出；在基础设施完备的城市中心区建设高层建筑，能够节约城市基础设施建设费用
	保障开放空间和步行空间	人们不太容易使用城市边缘的绿地，因此尽可能保留开放空间对改善拥有大量建筑的城市环境有着积极作用；在城市中心区采用高层高密度建筑可以保证比低层高密度更多的非建设空间，进而提升公共空间的质量；在同样建筑面积内，高层建筑提供了一个垂直的空间，产生了风道空间和视线走廊
经济效率	依据土地价格确定的土地使用方式	有效地使用土地并不是无条件地高密度使用土地或建设高层建筑，通常土地需求大的地区土地价格相对较高，则该地有必要高密度地使用土地或建设高层建筑，土地价格反映的是土地在市场上的稀缺性；高土地价格可能意味着可使用的土地少，所以应通过投入资源（建筑）以提高土地使用的强度
	实现土地24小时综合使用	土地价格高的地区，不要限制对土地使用的时间是白天还是晚上，要充分全时利用土地（即24小时使用），优先考虑混合使用，高层建筑综合水平与垂直三维立体多样性使用效率比较高，土地资源能够在白天得到使用（商务、商业等），也能在晚上得到使用（居住、娱乐等）
	创造附加的经济价值	综合多样性利用的高层建筑提高了土地使用强度，三维和垂直地使用土地使新经济开发具有潜力，可以增加推荐旅游的城市品牌的价值，而对土地的综合利用也能够防止中心城区的衰退，鼓励夜间消费，振兴地方经济

资料来源：作者依据《高密度城市设计——实现社会与环境的可持续发展》一书整理。

然而，建筑的高度（层数）应以满足生态需求、满足日照等物理环境需求为基础，并非越高越好。影响建筑高度（层数）的因素有很多，如建筑功能、土地区位、历史文化、道路容量、自然生态和城市形象等因素，有定量因素也有定性因素，而以城市高密度地区生态节能为目标导向的建筑，其最优高度（层数）主要考虑"四节一环保"要求。高层的高能耗有高层建设的耗材、用于垂直交通的电能消耗、高层用水的加压消耗等。根据需要应规定和控制高层建筑高度（层数），同时，对城市高密度地区除特殊地段或特殊情况[1]要求之外的地区进行以节约用地为目标的建筑高度下限管控，并以节水、节能、节材、保证生态环保及人体舒适度和安全的建筑高度为上限管控。

在建筑层数与造价方面，根据相关设计规范及资料，若将一层住宅的单位建

---

[1] 包括历史文化保护地区、生态脆弱区、特殊功能要求等。

筑面积造价定为100，则二层住宅的为84.72，三层住宅的为78.51，四层住宅的为74.98，五层住宅的为73.65，六层住宅的为72.37。因此，6层以内住宅的层数越多，单位建筑面积造价越低，多层住宅以5~6层为宜；7层及以上住宅需要设置电梯；12层及以上的高层每栋楼设置电梯不应少于2台；19层及19层以上的单元式住宅应设防烟楼梯间。

当民用建筑高度达到或超过100 m时消防等级高且投资巨大，《高层民用建筑设计防火规范》中以100 m为分界点，对高楼消防提出了很多不同等级的强制性要求；并且超高层建筑的设备能耗非常高，还会产生大量热加剧城市热岛效应；另外，超高层建筑的维护费用是一般建筑的3倍。因此，超高层的生态节能节地临界点是100 m高。

（3）最优建筑密度

在建筑密度指标方面，需要在气候分区的条件制约下，以各省市城市规划管理技术等相关规定的规划控制要求为基准，考虑"四节一环保"的生态节能设计形式，计算地块内部的建筑密度指标适宜值的范围。通常，密度的增高能够减少气流，起到减小风速和风力的作用，对于处于寒冷气候条件下的城市或地区有一定的正面效应，但建筑间距有日照和采光等要求（根据国家有关规范应满足受遮挡居住建筑的居室在大寒日的有效日照不低于2小时，居室是指卧室、起居室；敬老院、老人公寓等特定的为老年人服务的设施，其居住空间不应低于冬至日2小时的日照标准；托儿所、幼儿园的生活用房应不低于冬至日3小时的日照标准。中小学教学楼的教学用房应不低于冬至日2小时；医院病房楼的病房部分应满足冬至日不低于2小时的日照标准。满足以上日照要求时即视为日照不受影响），因此，建筑密度不可一味地增高。在保证城市土地利用效率的前提下，应对建筑密度进行"上限＋下限"区间式控制。

建筑密度取决于气候、地形地势、建筑高度、建筑间距、建筑退界和绿地指标、经济等因素。在寒冷气候区的住宅建筑，日照间距是决定建筑密度的重要因素。住宅建筑的最优建筑密度需要基于最佳建筑基地底面积、最佳住宅建筑高度、最佳容积率及当地气候参数来计算。而商业建筑、办公建筑因不受采光和日照的约束限制，其建筑密度的理想数值取决于经济因素，根据城市最佳再开发理论假设及模型[1]，城市单位土地面积最优建筑密度为：

$$F^1 = \frac{(\alpha - \mu)}{2(\beta - \tau)}$$ 公式（5-1）

式中： α——影响建筑资产单位楼面价格的各种区位、特征因素的总价值；

β——随着建筑密度的增高，该地段建筑资产价值的边际递减量；

μ——该地段单位面积建筑成本；

τ——建筑密度增高导致的额外附加成本。

此外，在住宅建筑节地方面，"单位建筑面积用地指标（M_0）[2]"为：

$$M_0 = \frac{M}{L \times d \times c}$$ 公式（5-2）

其中： $$M = (L+a) \times (d+k \times c \times h)$$ 公式（5-3）

结合图 5-11，给出字母所表示的意思。

M——典型条式住宅单元用地面积；

a——最小防火间距（当建筑高度
　　＜ 24 m 时，a=6 m；当建筑
　　高度＞ 24 m 时，a=13 m）；

b——满足日照要求的建筑间距，
　　$b=k \times c \times h$；

c——建筑层数；

d——住宅进深；

h——住宅建筑层高；

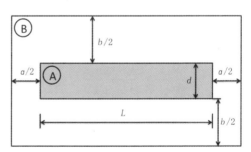

图 5-11　典型条式住宅用地单元示意图
（来源：张彧. 可持续发展城市住区设计理论与方法研究 [D]. 南京：东南大学，2004）

---

[1] 布鲁克纳和韦顿在上 20 世纪 80 年代初就提出了城市最佳再开发的理论假设，1994 年罗森孚和赫斯勒对这一理论假设进行了最佳开发理论假设的计量经济检验并加以证实，他们的检验结果强烈支持"在空地价格超过目前土地连同建筑物价格时，就会发生城市住宅再开发"这一假设条件。
公式为 $\frac{F^1}{F^0} > \frac{\alpha^0 - \beta F^0 + \delta}{(\alpha - \mu) - (\beta + \tau)} \frac{1}{F^1}$ ，其中：F^0 为城市某地段现有单位土地面积建筑密度；α^0 为城市某地段现有建筑资产评估单位楼面价值；δ 为城市某地段拆除现有建筑物的单位楼面成本。
[2] 张彧. 可持续发展城市住区设计理论与方法研究 [D]. 南京：东南大学，2004.

L——单栋住宅面宽；

k——日照间距系数，根据各地规范确定。

实际上，M_0 的倒数即为容积率。我国《城市居住区规划设计标准》（GB 50180—2018）对不同气候分区中住宅建筑控制指标最大值作出了限制，如居住街坊用地与建筑控制指标（表5-5），低层或多层高密度居住街坊用地与建筑控制指标（表5-6）。而建筑实践过程中，高层住宅建筑的节地效果会更明显一些，并可以通过点式高层、混合用地等方法实现节地。

表5-5 居住街坊用地与建筑控制指标

建筑气候区划	住宅建筑平均层数类别	住宅用地容积率	建筑密度最大值/（%）	绿地率最小值/（%）	住宅建筑高度控制最大值/m	人均住宅用地面积最大值/（m²/人）
I、VII	低层（1层~3层）	1.0	35	30	18	36
	多层I层（4层~6层）	1.1~1.4	28	30	27	32
	多层II层（7层~9层）	1.5~1.7	25	30	36	22
	高层I层（10层~18层）	1.8~2.4	20	35	54	19
	高层II层（19层~26层）	2.5~2.8	20	35	80	13
II、VI	低层（1层~3层）	1.0~1.1	40	28	18	36
	多层I层（4层~6层）	1.2~1.5	30	30	27	30
	多层II层（7层~9层）	1.6~1.9	28	30	36	21
	高层I层（10层~18层）	2.0~2.6	20	35	54	17
	高层II层（19层~26层）	2.7~2.9	20	35	80	13
III、IV、V	低层（1层~3层）	1.0~1.2	43	25	18	36
	多层I层（4层~6层）	1.3~1.6	32	30	27	27
	多层II层（7层~9层）	1.7~2.1	30	30	36	20
	高层I层（10层~18层）	2.2~2.8	22	35	54	16
	高层II层（19层~26层）	2.9~3.1	22	35	80	12

表5-6 低层或多层高密度居住街坊用地与建筑控制指标

建筑气候区划	住宅建筑平均层数类别	住宅用地容积率	建筑密度最大值/（%）	绿地率最小值/（%）	住宅建筑高度控制最大值/m	人均住宅用地面积/（m²/人）
I、VII	低层（1层~3层）	1.0、1.1	42	25	11	32~36
	多层I类（4层~6层）	1.4、1.5	32	28	20	24~26
II、VI	低层（1层~3层）	1.1、1.2	47	23	11	30~32
	多层I类（4层~6层）	1.5~1.7	38	28	20	21~24

建筑气候区划	住宅建筑平均层数类别	住宅用地容积率	建筑密度最大值/（%）	绿地率最小值/（%）	住宅建筑高度控制最大值/m	人均住宅用地面积/（m²/人）
III、IV、V	低层（1层~3层）	1.2、1.3	50	20	11	27~30
	多层I类（4层~6层）	1.6~1.8	42	25	20	20~22

（4）最优容积率值域

容积率具有技术方面和利益方面两大属性，一方面规定开发的最大强度，另一方面协调政府、开发商和公众三方的关系。容积率调控有三大误区：①只对容积率上限进行控制；②认为容积率是开发的最高值；③仅考虑容积率的外部影响因子，忽视内部因子。针对三大误区和高容积率高密度的发展趋势，城市高密度地区的容积率应基于土地环境容量以及降低能源消耗、减少环境污染的目的，在规划约束前提下，重视经济内部因子[1]和环境内部因子[2]，进行上下限值域管控，避免不当高容积率带来的环境负效应。

首先，在不考虑用地性质和建筑功能的前提下，分析容积率以生态节能为目标导向的值域问题。基于经济学原理，容积率与土地开发成本及收益曲线如图 5-12 所示，TC 为土地开发总成本，TR 为土地开发总收益，读图可知，当 FAR=0，总成本为固定成本，主要是土地价格，无收益；TC 曲线与 TR 曲线相交于 A、D 两点，对应 FAR_a 和 FAR_b，总收益均等于总成本，无利润。两交点间为开发获利区间；C 点对应 TC、TR 曲线的 FAR*，成本较低、土地开发收益较高，是最佳经济容积率。A、C 点之间，即 FAR_a 与 FAR* 之间收益与开发强度成正比，C、D 点之间，即 FAR* 与 FAR_b 之间收益与开发强度成反比。

图 5-13 为土地开发边际效益分析，边际成本与边际收益的交点为最佳经济效益容积率（FAR*）；因为项目开发过程中的外部成本（如社会成本和环境成本）负效应造成的综合成本大于边际成本，所以边际综合成本曲线在边际成本曲线之上，边际

---

[1] 经济内部因子指开发者的经济能力、利润率等。

[2] 环境内部因子指人均建筑面积、绿化、日照、集散等。

综合收益曲线在边际收益曲线之下，边际综合成本曲线和边际综合收益曲线两者交点为最佳综合效益容积率，其小于最佳经济效益容积率。

综合上述分析，可知：①并不是土地开发强度越高收益越大，当且仅当容积率处于最低容积率和最高容积率之间时才有收益；②存在最佳经济容积率理论值；③综合考虑土地开发对社会及环境的负效应，最佳综合效益容积率小于最佳经济效益容积率。因此，从理论上讲，以生态节能为目标导向研究最优容积率，要舍弃最佳经济效益，其值域即为"FAR_a~ 最佳综合效益容积率"区间，即生态节能最优容积率的下限为考虑到节约用地的集约化发展和保证开发商经济效益的容积率值，上限为考虑开发强度综合负效应（开发强度对环境容量和质量影响）的最佳综合效益容积率。

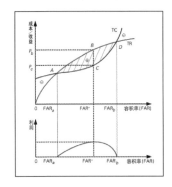

图 5-12　容积率与土地开发成本及收益的关系
（资料来源：王京元，郑贤，莫一魁．轨道交通 TOD 开发密度分区构建及容积率确定——以深圳市轨道交通 3 号线为例 [J]．城市规划，2011，35（4）：30-35）

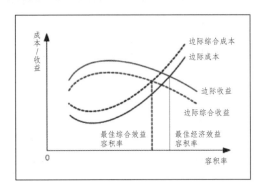

图 5-13　土地开发边际效益分析
（资料来源：根据资料改绘）

2. 最优生态节能开发强度决策

根据上述人口密度、建筑密度、建筑高度和容积率的生态节能最佳值，结合四者关系可知：①以节约用地为目标，建筑密度、建筑高度和容积率与城市最优人口密度成正比，高密度高强度的开发才可以应对人口高密度问题；②在场地面积和建筑密度不变的情况下，容积率与建筑层数成正比。建筑高度、容积率、建筑密度和采光障碍之间的关系，如图 5-14 所示，对于一定容积率条件下的成排连续的庭院而言，增加建筑高度通常会造成采光不良、日照不足的问题，即不改变采光角度的情况下，容积率随着建筑高度的增加而提高，也就是说降低建筑密度可以获得更多的开放空间。表 5-7 为容积率数值对应的建筑类型。高密度住区的指标量化表征如表 5-8 所示。

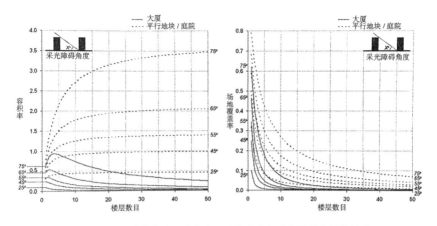

图 5-14 建筑高度、容积率、建筑密度和采光障碍之间的关系

（资料来源：程玉萍根据《高密度城市设计——实现社会与环境的可持续发展》一书绘制）

表 5-7 容积率数值对应的建筑类型

容积率	建筑类型	备注
<0.3	高档别墅	环境非常好
0.3~0.5	独栋别墅	独栋别墅布置有些密集，可以通过穿插部分双拼别墅、联排别墅来解决
0.5~0.8	双拼别墅、联排别墅	如果组合 3~4 层，局部 5 层的楼中楼，环境很好
0.8~1.2	多层	环境很好，可以夹杂低层或联排别墅，但环境品质有所下降
1.2~1.5	多层	环境不错，若与小高层组合，环境品质有所上升
1.5~2.0	多层 + 小高层	环境品质一般
2.0~2.5	小高层	环境品质一般
2.5~3.0	小高层 + 二类高层项目	二类高层项目指 18 层以内的高层；若全部小高层，环境品质稍差
3.0~6.0	高层	楼高 100 m 以内的高层
>6.0	摩天大楼	考虑环境容量、地质特征、施工技术等因素

资料来源：作者根据资料整理归纳。

表 5-8 高密度住区的指标量化表征

住宅层数	建筑密度	容积率
1~3 层	> 40%	> 1
4~6 层	> 35%	> 1
7~9 层	> 30%	> 2
10~17 层	> 25%	> 3
18~33 层	> 20%	> 4

资料来源：陈星、陈天、臧鑫宇. 宜居视角下高密度住区公共空间规划策略研究 [C]// 城乡治理与规划改革——2014 中国城市规划年会论文集（12 居住区规划）. 2014.

最优生态节能开发强度决策是理想状态下的数学定量、计算机模拟和利用经验的定性方法相结合。首先数学定量计算出最优理论值；然后运用计算机中模拟周边环境的三维城市模型（3DCM），再根据法律法规和设计规范对日照、采光标准的规定，运用人工智能遗传算法在三维日照分析软件中模拟出拟建建筑物的大致体量（包括高度、形体和各种组合）；最后根据三维可视化的结果，以经验定性的方法进行科学决策，是确定合理土地开发强度的理想方法。不仅可以获得经济效益，还满足了城市高密度集约化发展条件下的生态节能目标。

3. 分区分管，分级管控

城市高密度地区的开发必须形成合理的密度空间分布，在满足发展需要和保全生态环境质量二者间取得平衡。因此，城市高密度地区的"3H"发展模式需要进行分区分管和分级管控，而非均质的空间分布。运用微观经济学的原理，借鉴发达国家和地区的经验，对城市密度进行分区，在宏观城市高密度中心区层面确定总开发量和整体密度；在中观城市高密度街区层面进行各类主要用地的密度分配；在微观高密度建筑（群）层面，进行地块密度细分。

4. 采用生态容积率进行绩效测度

生态容积率（EAR）是一种能源绩效规划工具，用以解决城市更新中密度增长导致的潜在生态问题。"生态容积率致力于提供可量化标准（主要针对能源绩效和碳排放）来强调生态质量。绩效（能源和碳）、密度（容积率）和城市形态和类型（城市设计导则）之间的关系在生态容积率模型中成为一种为对密度增长问题进行开发控制的制度性机制。"采用生态容积率进行生态绩效测度，通过建模、测算、比对和减碳的绩效标准来测定城市街区开发前后的碳排放和能耗，并将符合减碳标准和政策的转化为额外的容积率奖励，适用于地块、街区、社区、城市等多种尺度。生态容积率在一定程度上成为城市高密度地区减碳节能设计的适应性策略，即以增加个体权益的小尺度策略来逐步影响大尺度制度，使其向灵活、弹性和动态的方向转变。

5.2.2 土地功能混合利用

城市功能的集聚是城市间竞争的有效途径，而土地功能混合利用模式则是城市功能集聚的重要方法之一。城市高密度地区通常用地紧缺，地价高昂，因此应协调并有机整合土地使用和交通规划，鼓励城市高密度地区的空间设计满足各种基本需求。寒冷气候条件下冬季气候恶劣，户外出行十分不舒适，应减少长距离出行带来的人力、物力和财力的浪费，减少交通损耗，节约能源。借鉴美国"精明增长"的宝贵经验，不仅提倡城市需要相对集中的发展和紧凑建设，还强调城市建设用地基于生态平衡的混合功能，适当混合就业功能与居住功能，实现就近就业，贯彻尊重自然生态原则。

　　寒冷气候条件下的城市高密度地区提倡采用土地功能混合利用模式（图 5-15），尽可能在街区层面和建筑层面均形成功能的混合布局，混合办公、商务、商业、文化、教育、休闲、娱乐、居住以及无污染工业等功能。街区空间功能融合模型如图 5-16 所示，可以有效减少交通需求和不必要的资源能源浪费，并且功能多样性混合，可以提升居民生活的便捷性和舒适度。城市功能类型日益复杂，多元混合，有"禁止混合""有条件混合"和"无条件兼容"三种模式。"禁止混合"模式即在地块原规划用地性质上不允许混合和转变用地性质。"有条件混合"模式是指在一定条件下可以混合用地性质。（"一定条件"指在原用地性质上可以部分混合其他性质，并且限定单性质混合规模不超过地块的 30%，多性质混合规模之和不超过地块的 40%。）"无条件混合"模式指百分百混合兼容，原用地性质可以混合兼容任何一种或几种性质。

　　城市高密度地区用地多功能混合策略适用于所有气候类型的城市，对于寒冷气

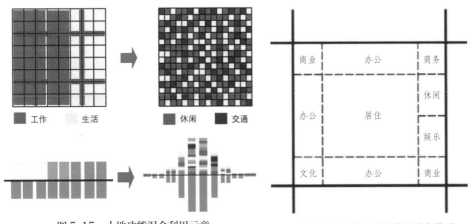

图 5-15　土地功能混合利用示意
（资料来源：仇保兴 ."共生"理念与生态城市
[J]. 城市规划，2013，37（9）：9-16）

图 5-16　街区空间功能融合模型
（资料来源：作者整理绘制）

候区具有更为重要的意义，不仅可以有效减少市民出行次数和距离，而且更为有效地减少了冬季冰雪和寒风带来的各种不利影响。图 5-17 为根据史蒂芬·劳超级城市改绘的混合用途规划理念剖面示意图。

在土地混合功能的利用模式中，为了减少不同功能之间的相互干扰，需要对不同功能进行一定程度的空间隔离，通常有垂直隔离、水平隔离和混合隔离。① 垂直隔离，即通过楼层安排隔离。例如一栋建筑的下层布置商业，中部布置办公，上部布置居住，并且不同功能分别设置独立入口，以保证功能间不相互干扰及居民的私密性。② 水平隔离，即同一场地上不同使用功能通过修建独立体块水平区分开来。寒冷气候条件下，需要通过封闭的廊道连接不同功能的建筑物，以方便使用者在不进入室外空间的情况下进行不同功能使用。此模式为了使用方便和降低噪声影响，一般将非居住功能安排在临街面。如将商业建筑呈"U"形且开口向南布局，居住建筑布置在"U"形内部，商业建筑由于基本仅在白天使用，且通常不开窗，内部有空调、电脑电灯及其他设备使用而产生大量热能比居住建筑抵御寒冷的能力更强，并且可以为居住建筑遮挡来自北面的冷风和提供良好的自然光射入条件（开口向南）。③ 混合隔离，即根据具体情况混合垂直和水平隔离手段。

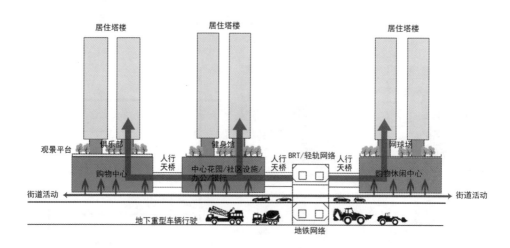

图 5-17　混合用途规划理念剖面示意图
（资料来源：作者整理绘制）

5.2.3 高空、地面、地下空间整合

高密度布局是集约用地的重要表现，但是在高密度布局发展趋势下，人地矛盾在高密度城市尤为突出，需要重组功能和进行空间再开发布局设计。当人口持续增长，城市单纯向高空发展已经无法解决人地矛盾时，便开始在"零地扩张"的基础上全面立体化发展，从水平维度四周延伸扩展向垂直维度高空和地下谋求发展，高效拓展和利用一切可利用空间。未来城市高密度空间将涵盖高空、地面和地下空间的协调有机运转。

在城市高密度地区全面立体化发展阶段，城市空间与建筑空间发展趋于一体化，在垂直维度，呈现高空、地面、地下空间分层发展的趋势。城市街区空间立体设计如图 5-18 所示，最大限度地利用多维空间，包括高层建筑、建筑屋顶平台、建筑间连廊、高架道路、步行天桥、地下空间等分层发展形式。其中，地下空间与地面空间的连续性优于高空空间，地下空间更易于与地面空间整体设计开发。但是由于地下开发成本较高，城市要发展到一定程度才会进行大规模地下建设。

我国可利用的地下空间资源如表 5-9 所示。综合经济发展、科学技术以及环境需求等方面的考虑，人类获得可观开发量的适宜开发深度是 100 m 以内。在 100 m 的深度范围内容纳多种功能，需要进行竖向分层平衡各要素系统，实现功能分层布局，从

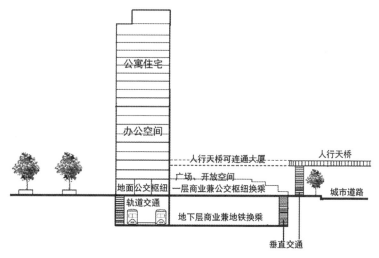

图 5-18　城市街区空间立体设计示意图
（资料来源：作者整理绘制）

而在有效提高开发强度的同时提升土地承载力，实现紧凑形态。城市高密度地区竖向分层利用如图 5-19 所示。根据我国学者的研究成果，城市高密度地区竖向分层控制及功能聚集如表 5-10 所示。

另外，地下空间的开发强度也是值得注意的，通常地下空间开发主要功能有交通（地铁、步行）、停车、商业（商铺、娱乐、休闲）、人防、管线等，需要根据地下空间开发强度[1] 的模型预测对地下空间建设规模进行预测，并进行经验法校核，合理控制和分配开发量。

表 5-9　我国可利用的地下空间资源

开挖深度 /m	可供有效利用的地下空间资源 /m³	可提供的建筑面积 /m²
2000	11.5×10^{14}	3.83×10^{14}
1000	5.8×10^{14}	1.93×10^{14}
500	2.9×10^{14}	0.97×10^{14}
100	0.58×10^{14}	0.19×10^{14}
30	0.48×10^{14}	0.06×10^{14}

资料来源：赵景伟. 三维形态下的城市空间整合 [M]. 北京：北京航空航天大学出版社，2013.

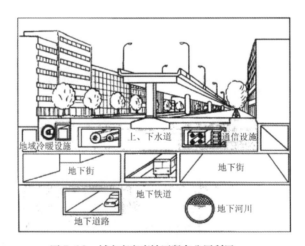

图 5-19　城市高密度地区竖向分层利用
（资料来源：王文卿. 城市地下空间规划与设计 [M]. 南京：东南大学出版社，2000）

---

[1] 从发达国家地下空间发展历程可以看出：当人均 GDP 达到或者超过 500 美元时，城市地下空间的开发开始成为需要；当人均 GDP 达到 500~2000 美元时，地下空间得到较为广泛的开发；当人均 GDP 达到 2000 美元以上时，地下空间开发进入成熟阶段。

表 5-10　城市高密度地区竖向分层控制及功能聚集

地下空间分层	功能聚集
地表下 5 m 内	市政设施、管沟、停车场、下沉广场、零售等
地表下 5~10 m	商业、科研教育、文化娱乐、医疗卫生、轨道交通站厅、人行通道、停车库、生产企业
地表下 10~20 m	轨道交通站台、机动车道、商业、科研教育、市政基础设施的厂站、调蓄水库和储藏库
地表下 20~30 m	城市多层次的地铁交通、市政基础设施的厂站、调蓄水库和储藏库
地表下大于 30 m	大型实验室、公用设施干线、地下储藏库

资料来源：赵景伟. 三维形态下的城市空间整合 [M]. 北京：北京航空航天大学出版社，2013.

5.2.4　城市综合体与巨构建筑

随着建筑技术的发展、城市土地资源的日益稀缺以及地价的不断攀升，独立建筑物逐渐外展，边界日渐模糊，室外空间慢慢被融合进建筑，在垂直方向发展的同时渐渐扩大规模并渗透到周边，演变成建筑综合体、城市综合体，甚至是巨构建筑，从沿街布局发展到街区或跨越街区发展，独立商铺演进为购物广场，独栋住宅向双拼或集合住宅演化等，城市空间与建筑空间最终一体化结合、建筑功能混合，使建筑成了缩微的城市。

1. 城市综合体

简单地说，城市综合体源于城市平面、经济及居民行为密集度的增高，从城市性、开发性、集约性层面切入城市发展本质，通过建筑实体，将城市发展与城市功能之间的内在逻辑与城市空间有机结合，复合化、集约化、开放化地融合办公、商务、商业、居住、文娱等多种城市功能，形成多功能、高效率的经济聚集体。

城市综合体是城市资源高度聚集，人流、物流、能流、资金流、信息流之间高效流动的区域，是城市高密度空间、资源与配置的优化区域，其在有限的空间内通过集约化浓缩的方式，在一个空间里集结、组织和安排多种功能，同时，把公共空间的理念引入城市综合体内部，形成多样化、立体化、差异化并且有机联系的城市功能布局以满足复杂、多样的城市生活。在寒冷气候条件下，城市综合体由于其多功能特性，可以有效减少居民的出行次数、出行时间，提升寒冷冬季的体感舒适度，而且，城市综合体是节约用地与能源的富有生命力的有机体，具有循环更新的经济、生态生命力。

2. 巨构建筑

英国建筑师拉尔夫·厄斯金（Ralph Erskine）于 1914 年提出"巨构建筑"理论。1969 年，保罗·索勒里提出了城市生态学理论"试图对城市进行微缩化的设计，使城市具有合适的高度与密度，在最小的占地面积上，容纳最大限度的人口，为居住者创造生态和谐的居住环境"。巨构建筑经历了百余年的演变，已从带有乌托邦色彩的未来主义逐渐转化为具体化可操作的建筑实践，并不断地得到运用及发展，解决了新时期城市发展所面临的难题。

成熟的巨构建筑是一个城市的微缩，以消费型产业为主，是人口密度高、容积率高并且占地面积较大的超高层城市综合体，将公共建筑集中在裙房，居住功能布置在综合体的上部，所有功能联系紧密，最大限度地使各项城市生活在"巨构建筑"内完成，保证城市居民能够在较为舒适的建筑内部环境内连续地完成各项活动，以此来抵御室外的风、霜、雪、雨等，并考虑能源利用效率问题和新能源的开发问题，以期降低对常规能源的依赖，把能源资源的消耗降到最低。

"巨构建筑"理念在城市高密度地区生态节能设计的运用：① 增强各分区内部各类功能空间的自给自足能力，鼓励土地混合使用，使日常需求的功能能够在较小范围内得到满足，从而减少在寒冷天气内的必要出行距离；② 巨构建筑的步行交通方式降低了城市高密度地区的交通能耗；③ 综合布置同一建筑内的各类功能空间，在满足使用功能的同时必须注意多种功能之间的互相干扰问题。

5.3 基于环境气候图的高密度地区生态节能分区

本节至第七节对寒冷气候城市高密度地区生态节能支撑主题进行论述。随着城市人口的急剧膨胀和城市规模的不断扩大，能源消费居高不下，"城市病"不断显现，因此，需要不断地深入探究城市营造与环境研究成果之间的关联性。对寒冷气候地区，依据寒冷气候造成人体舒适度的差别来判断城市街道、邻里类型等常见城市布局形态，以图解城市气候（"城市环境气候图"）的方式探讨城市发展如何影响改变气候，而改变了的城市气候又是如何反作用于城市自身，进而改变城市设计策略的问题。

5.3.1 城市高密度地区环境气候图

城市环境气候图（又称城市气候图）通常分为城市气候分析图和城市气候规划建议图。城市气候分析图的绘制包含三方面：① 分析热环境[1]；② 分析风环境，如描述和表达空气交换、循环、流动的模式；③ 确定空气污染区域。城市气候规划建议图是将城市气候分析图中所分析的气候信息和评估结果"转译"成可操作、可利用、可表达的"规划语言"，其不但用二维空间图示表现现存城市气候环境特点，而且可以明确气候矛盾和敏感区域，为后期城市发展、土地开发提出相应的规划策略和指引，以保护现存良好的气候环境，减轻环境负担。

城市环境气候图首先要从城市大气环境问题与城市规划的关系出发，剖析现阶段二者在认知层面上的偏差、矛盾与困惑并提出问题。基于城市地理信息资料、城市气象要素观测试验、风洞实验等，在数值模拟基础上建立城市规划大气环境影响评估指标系统，基于城市（中心区）、街区、地块（建筑物）三种尺度的气象变量，提出客观、科学并可操作的评估指标及评估方法；开发应用软件，利用地理信息系统和三维可视化技术进行计算数据的显示、分析和评估工作，制定评估报告，然后根据评估结果进行多方案对比、分析、设计及优化。城市规划建设与气候环境关系研究总体技术路线如图 5-20 所示。城市规划方案大气环境效应评估指标总体框架如图 5-21 所示。

因气候问题的不同和城市规划系统的迥异，城市气候规划建议图及应用规划策略也相应地有所不同，如日本东京都热环境图明确指出了四个热岛效应严重且缺少通风的重点区域（图 5-22）。因而东京都政府集中财力人力制订了一系列改善方案，尤其采取增加绿化覆盖率、控制建筑挡风面及降低人为热排放等措施改善城市通风以降低热岛效应[2]。

---

[1] 如热岛效应、不同城市生物气候分布、受冷压或热压（热负荷）影响的不舒适区等。

[2] Comprehensive Assessment System for Building Environmental Efficiency on Heat Island Relaxation, 即 CASBEE-HI，http://www.ibec.or.jp/CASBEE/cas_hi.htm.

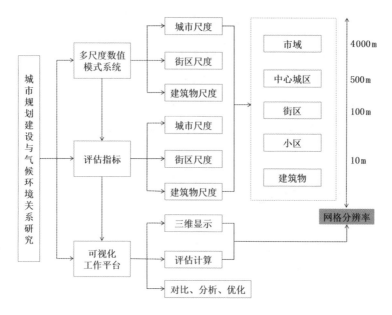

图5-20 城市规划建设与气候环境关系研究总体技术路线
（资料来源：作者自绘）

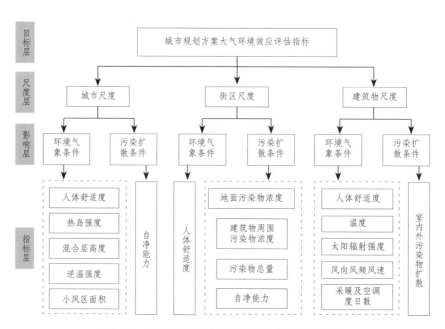

图5-21 城市规划方案大气环境效应评估指标总体框架
（资料来源：作者自绘）

图 5-22　日本东京都热环境图

（资料来源：长谷川彰 . 东京都应对气温升高的措施 [DB/OL]. C40 东京气候变化会议 . http://www.kankyo.metro.tokyo.jp/en/attachement/tokyo.pdf ）

　　基于高密度城市形态肌理的特点，城市气候规划建议图可以应用于 1 ： 2000 的城市功能分区图中，为城市中心区、街区规划和辅助决策提供相关气候信息，从而降低能源消耗：①建筑或铺装材料的反射率；② 绿化植被；③ 遮阳；④ 通风。表 5-11 为城市气候规划建议与影响范围。

表 5-11　城市气候规划建议与影响范围

目的	方面	规划策略与措施	操作的空间尺度	影响范围
生物气候状况 + 城市热岛效应 + 城市通风 + 城市空气质量	铺装材料的反射率	建筑和铺装材料冷却	材料和地表层的干预与改变	中至微气候
		屋顶与建筑立面冷却		
		使用保水性铺装材料		
	绿化植被	种植绿化	景观规划土地利用层面的干预	
		设立公园与开敞空间		
		规划绿化带		
	遮阳	设计时把握建筑几何形态	建筑设计层面的干预与改变	微气候
		遮阳设计		
		选择街道方向	城市规划分区层面的干预	中至微气候
		控制临街楼宇高度与街道宽度比	建筑设计层面的干预与改变	微气候
		种植行道树	景观规划土地利用层面的干预	

目的	方面	规划策略与措施	操作的空间尺度	影响范围
生物气候状况 + 城市热岛效应 + 城市通风 + 城市空气质量	通风	设计、预留通风廊道	城市规划分区层面的干预	中至微气候
		控制建筑占地面积与建筑形态		
		控制临街楼宇高度与街道宽度比	建筑设计层面的干预与改变	微气候
		选择街道方向	城市规划分区层面的干预	中至微气候
		控制建筑平面分布		
		连接开敞空间与绿地并控制它们的分布	景观规划土地利用层面的干预	

资料来源：任超，吴恩融．城市环境气候图——可持续城市规划辅助信息系统工具 [M]．北京：中国建筑工业出版社，2012：30.

城市环境气候图的使用过程中，比例问题十分重要（表 5-12、图 5-23），就城市规划视角而言，城市总体规划使用 1：25000 比例的图比较适宜，城市功能区划使用 1：10000 比例的图比较适宜，城市详细规划以使用 1：5000 比例的图为宜。

表 5-12　城市气候与规划比例

划分层次	比例	规划层次	城市气候问题	气候尺度	节能潜力
城市	1：25000~1：5000	总体规划、城市发展规划	五岛效应；通风路径	中观	避风/通风
中心区	1：10000~1：5000	总体规划、功能区划等	五岛效应；通风路径	中观	分区、布局
街区	1：5000~1：1000	城市详细规划	冷/热舒适；空气污染	中观	道路结构与走向、街区尺度等
地块	1：2000	城市设计、空间开发设计	冷/热舒适	微观	建筑群组与开放空间设计
单体建筑	1：500	建筑设计	辐射；通风	微观	建筑节能设计

资料来源：作者整理绘制。

城市环境气候图所勾画的是一个城市人体冷/热舒适度的影响模式，使用城市中人体冷/热舒适度指标作为调整城市环境气候图数据的因素。简单地说，就是根据城市环境气候图划分气象分区，以空间的形式表达出气候的功能，从而进行规划设计。

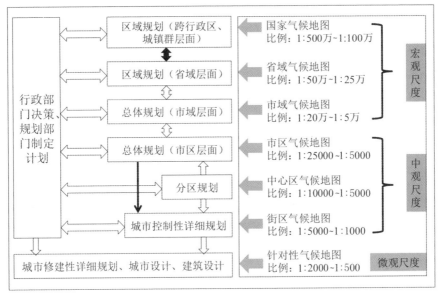

图 5-23 空间规划层次与气候地图尺度
（资料来源：作者自绘）

5.3.2 基于环境气候图的城市高密度地区气象分区

依据寒冷气候 A 区冬季需要防寒保暖、夏季需要通风防热的要求，加之城市高密度地区复杂程度高，基于城市环境气候图，利用城市空间热平衡分析进行城市气象分区，其中包括通风的分区、热岛（干岛、浑浊岛）的分区、色彩的分区等。

1. 热岛、通风分区

如同城市热岛，城市形态、建筑物、绿化路面等直接影响气温的分布。根据绿化密度和建筑的排列形式，城市通风区大致分为三类（表 5-13）：① 茂密绿地和较少建筑的开放空间；② 密集建筑和一半绿化条件的开放空间；③ 较少绿化的开放空间。公园等有茂密树丛的绿地，不仅在白天能够提供树荫，并且全天候地起到蒸发降温的作用；行道树和建筑物之间的适当绿化，虽然在白天能够遮阳，但夜间它们的蒸发降温作用并不十分明显，不足以降低周围建筑物和硬质表面所释放热量带来的高温；而绿化稀少的开阔空间在白天会因最大限度地接收太阳辐射而产生高温，在晚上又因没有遮挡白天吸收的热量得以更快地释放出去，造成气温相对快速地降低。这也揭示了较高的天空开阔度对应较低的夜间气温。

表 5-13   绿化密度与建筑排列形式影响下的空间热特征

分类	特征
茂密绿地和较少建筑的开放空间	全天气温都是整个地区最低的
密集建筑和一半绿化条件的开放空间	气温在白天相对较低，但在夜间成为整个地区中最热的区域
较少绿化的开放空间	在白天是整个地区最热的区域，但在夜间相对凉爽

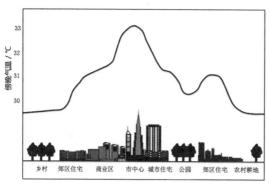

图 5-24   城市热岛示意图
（资料来源：作者自绘）

城市热岛效应是一种城市气温高于周边乡村地区气温的现象（图 5-24），是影响城市舒适度并伴有空气污染的一种负面因素。引起这种城市特定气候现象的主要原因是热储存过多、粗糙度增大、蒸发量减少、辐射牢笼等，这在城市高密度地区尤为明显，城镇化和开发量改变了用于提高气温（升温过程）和用于蒸发（降温过程）的能量平衡。城市高密度地区多而密集的建筑物白天吸收太阳能，晚上再将能量释放到大气中，在无风、微风和无云的夜晚，城市热岛效应表现得更为明显。寒冷气候 A 区城市热岛效应在夏季会降低人体热舒适度，而在冬季在一定程度上它是一种积极的效应，即"暖岛效应"，减少取暖所消耗的能源，但是通风的减少会引起空气污染，我国部分城市冬季出现的霾就是一个明显实例。

通常，城市热岛的空间分布比较明显，城市的气温变化取决于土地覆盖物的属性，如建筑物覆盖地面的地区要比城市公园和湖泊地区的气温高。城市热岛效应通常使用"城市热岛强度"计算，以其表达在一个设定的时期内城乡气温的差别。将城乡气温差（T_{u-r}）定义为：

$$T_{u-r} = T_u - T_r \qquad\qquad 公式（5-4）$$

式中：T_u——城市气温；

T_r——乡村气温。

T_{u-r} 大于 0 代表城市气温测量站测得的气温比乡村测得的高。通常城乡气温差在白天比在晚上小，在夏天比在冬天小，晴天无风的条件下城乡气温差最明显。城市热岛强度主要取决于城市的自然环境气候、土地使用状况、建筑密度、人口规模及密度等。

因此，在ⅡA气候区城市高密度地区由于高密度的高层开发以及冬季防风避风和夏季适当通风的双重要求，需要在热岛的中心频繁地使用开放空间，提高热指数，根据城市热岛强度的时间特征和空间特征来划分城市热岛分区，计算城市高密度地区风场和温度分布梯度。

基于城市热岛强度分区为城市通风划分分区，正如迈耶（J. Mayer H.）提出的"理想城市气候"，即"把时空看成重要的评价标准，是一种提供给150 m范围内的人处于城市冠层中的大气状态，这种大气状态在高度变化的时空下形成不均匀的温度条件。它应当借助于更多的阴凉和通风（热带地区）或风防护（微冷和冷气候）等措施避免空气污染和热应力"。在城市环境气候图上分析城市哪些区域是需要人为引进风在冬季吹散污染、在夏季通风降温，哪些区域是不需要在夏季降温而只需冬季阻挡寒风，以形成比较理想的高密度城市气候。表5-14和表5-15所示分别为城市气候的正负效应和开放空间的规划可能性及温度效应。

将这些因素叠加在城市气候分析图上，例如利用城市气候数据，选择缓和城市热岛效应的通风路径（如海陆风、山地风等）。应尽可能地平衡和权衡需要作出的规划所决定的综合效果并排出次序，以便为城市发展和开发提供建议。

表5-14　城市气候的正负效应

气候正效应	气候负效应
形成通风路径 利于空气交换 增加植被的生物气候效应 街区效应	热岛（建筑整体） 通风减少 缺少空气流动效应

资料来源：Schiller S，Evans M and Katzschner L. Isla de calor, microclima urbano y variables de diseño estudios en Buenos Aires y Rio Gallegos [J]. Avances en Energias Renovables y Medio Ambiente, Buenos Aires, 2001，5: 45-50.

表5-15　开放空间的规划设计及温度效应

规划设计	温度效应
合理的街道宽度 棚和拱 植被 色彩 材料	利用日变和年变的阳光和阴凉 夏季遮阳，利用冬季辐射 阳光和风的保护；长波辐射 反射和日光 热储备；灰尘

资料来源：Schiller S，Evans M and Katzschner L. Isla de calor, microclima urbano y variables de diseño estudios en Buenos Aires y Rio Gallegos [J]. Avances en Energias Renovables y Medio Ambiente, Buenos Aires, 2001，5: 45-50.

2. 色彩分区

以往城市色彩的定位、建筑色彩的选取多注重景观营造和文脉传承。城市色彩分区通常遵循功能性原则进行景观分区，参考城市总体规划、分区规划及控制性详细规划等上位规划，进一步确定各分区的色彩主题和定位色谱。然而，在一座城市中，建设密集的区域、人流高密度聚集区域以及城市活动高发区域，能耗量都比较大，热岛效应明显，由此可见城市中能量消耗并不是均质的。例如，居住建筑使用空调制冷的频次要依据气候条件的冷热程度而定，大部分气候区的居住建筑是在夏季短暂制冷，而城市中高密度地区的商业建筑往往大部分季节需要制冷，并且制冷能耗量将在夏季达到顶峰。尤其是城市高密度建成区的大量物质建设，其热工效能带来的节能效率不可小觑。

城市色彩、建筑色彩的规划和设计应注重色彩的物理学属性与光和热的关系，从而判断其对建筑及城市能耗的影响。倡导拓宽城市色彩研究视角，利用城市色彩、建筑色彩在城市中的大面积存在，提高城市色彩规划在城市规划中的考量比重，同时提高"节能属性"在城市色彩规划中的考量比重，从而对于城市色彩进行生态节能设计。为此，首先确定城市主色调；其次在量化节能效应和软件模拟、监测的基础上，结合城市结构特征，运用遥感监测和地表温度反演的手段判断城市热岛源分布，据此进行城市色彩热岛地区性分区；最后针对高密度环境进行详细的建筑色彩节能设计。如此一来，城市色彩在营造优美风貌的同时成为城市节能的新力量。

另外，以城市气候规划建议图为基础，标示出已经建成的热应力高的高密度建成区，根据分区能够制定和实施建筑材料使用的有关计划（如降温屋顶、隔热墙壁、降温道路铺装、植树植草等），以及为城市几何因素做参考（如天空开阔度、高宽比），再反过来影响城市气候状态的形成，并为城市未来发展寻求路径，以便在必要的区域留出空间来调节空气流通。

综上所述，应用城市环境气候图进行气象分区，旨在有效避风、适当通风和利用反射率及吸收率来缓和极端的城市气候，同时在局地小气候影响下平衡城市、街区和建筑的热需求，从而考虑开发性质（新的和现存的）、可实现性以及节约能量消耗。这样通过在城市的现状和未来气候预测的数据之上建立设计标准，达到为城市居民提供舒适的冷热环境、健康的最低温度和能源消费模式的目的。

5.3.3 基于环境气候图的城市高密度地区建筑物评估

城市高密度地区的冠层在宏观尺度上可以被认为具有均一温度，而在城市边界层内，气温根据不同的城市肌理变化，在一个特定高度的点，其气温会随着周边建筑、路面和绿化等情况而变化。因此，街区层面的建筑布局规划和建筑设计，其尺度为 0.5 km 或以下，比例介于 1 ： 500 与 1 ： 2000 之间，由于高密度的建设会使气象数据改变，通常这种尺度对应城市冠层下的小（微）气候尺度。此尺度下的规划和设计一般并不依靠观测到的气象数据，而是需要依据周边气象数据，利用数值模型、计算机模拟或实验研究等方法分析研究地块或区域小（微）气候状况。在建筑物层面，为建筑物设计阶段提供能耗评估工具，从而为规划方案优化提供依据，指导建筑设计开发（图 5-25）。

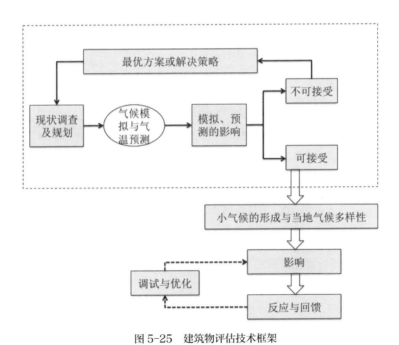

图 5-25　建筑物评估技术框架

5.4 街区及道路交通节能设计策略

5.4.1 适宜的街区尺度和道路结构

街区尺度的大小直接影响道路网络密度的高低，而街区道路网络的密度及结构又是影响街区日照与风环境的重要因素，不仅如此，城市环境的功能密度和行为尺度，也会直接影响到城市的活力，因为人与人之间的交往与沟通需要足够的密集程度。减小城市街区尺度，从而提高道路网络的密度。针对旧城区改造，可以鼓励小尺度发展来促进建成区再生。

街区的尺度一般受到政治、经济、历史、地理、技术等诸多因素的影响。现今街区尺度不断增大，其主要原因是交通方式的转变。利于步行的街区和建筑不仅有助于恢复城市的活力，而且有利于降低城市对能源的消耗。"窄路密网"模式（以100 m×100 m 为基本单元），是人文关怀和城市活力的体现。街区地块大小要标准化、均质、具有复合普适性，应当遵循"宁小勿大"和"均质平等"的设计准则，而均质密布的小尺度街区方格网结构则是最佳形态结构。

有学者分析对比了国外 90 个大城市的街区尺度，发现 0~50 m 尺度段的出现概率为 36 %，50~100 m 尺度段的为 89 %，100~150 m 尺度段的为 83 %，150~200 m 尺度段的为 46 %，从 200~250 m 尺度段开始，200 m 以外的其他尺度段的出现概率却急剧下降，由此可见，200 m 是城市街区规模尺度的适当界限值[1]。我国 20 世纪 90 年代规划的许多城市的典型街区短边为 150~250 m，在 90 年代后期规划的中心区典型街区短边为 75~150 m。由此，建议新城街区尺度范围控制为 150~200 m。另外对于行人来说，200 m 的交叉口间距是视觉心理可接受的最大距离[2]。采用高密度的"窄路密网"结构，25~35 m 道路红线宽度，基本可以满足城市高密度发展的交通需求。

---

[1] 黄烨勍，孙一民. 街区适宜尺度的判定特征及量化指标 [J]. 华南理工大学学报：自然科学版，2012（9）：131-138.

[2] Siksna A. The effects of block size and form in North American city centers[J]. Urban Morphology, 1997（1）: 19-33.

东南大学建筑学院杨俊宴教授研究了我国大城市中央商务区的街区与道路状况，区分和比较分析了"高密度均质路网"的小街区模式和"低密度等级路网"的大街区模式及两者对该区域交通的影响，指出"低密度等级路网"大街区模式因顺畅度低、整体开发难、缺乏人性尺度，已经越来越不适应市场经济的需求。"高密度均质路网"的小街区模式更适合以商务、金融、办公为主要功能的商务地区，高密度路网结构体现了交通空间的集约形态，提高了道路通达度和临街面比重，提高了城市中心的经济利益。

5.4.2 道路布局与节能规划设计

1. 适应气候的道路布局

适应气候特征的道路走向能够有效引导风向、影响风速和增加街道的日照。我国寒冷气候区的街区属于季风气候，在冬季主要盛行北风和西北风，寒冷空气对街区环境舒适度影响较大。

① 街区主要道路应该与冬季主导风向垂直，街区选择能够最大限度地接受日照、挡风避雪的用地，街区空间形态呈现西北高、东南低的特征，从而能够抵御外部寒冷空气的侵袭，并且最大限度地满足冬季从南面吸收太阳热量采暖的需要，在夏季也遮蔽了东、西向低射光，避免阳光的炙烤（图5-26）；当街道南北向布局时（图5-27），街道旁的建筑不仅在冬季几乎采集不到阳光，而且建筑物朝东、朝西的山墙在夏季又过分暴露在阳光的炙烤之下，需要空调来调节室温而额外消耗能量。另外，为了进一步降低风速，可适当为街道增加一定的曲度，因为风在弯曲街道中的速度比在笔直街道中的速度低。细长纵深布局与宽扁布局比较，如图5-30所示。

② 东西向街道旁修建建筑，建筑交错布局能够争取更多的日照（图5-28）；当建筑联排或靠近布局时，建筑交错幅度越小，对建筑的影响越小（图5-29）；较理想的布局是"大南北间距、小东西间距"的布局模式，更节能，细长纵深布局与宽扁布局比较，如图5-30所示。

③ 当主干道不得不南北布局时，在建筑设计和建造时应尽可能地使建筑的侧面朝向街道（图5-31）；或者布局点式高层，使其长边与道路正交偏离，可有效提高建筑日照（图5-32）。

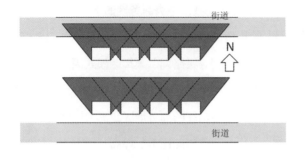
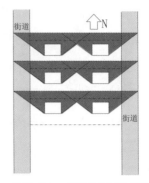

图 5-26　东西向布局的街道　　　　　　　图 5-27　南北向布局的街道

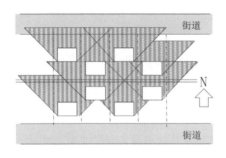
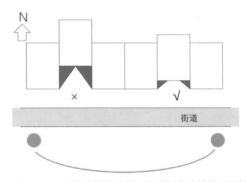

图 5-28　东西向布局主干道，交错排列建筑　　图 5-29　交错缩进式建筑，缩进幅度遮挡情况比较

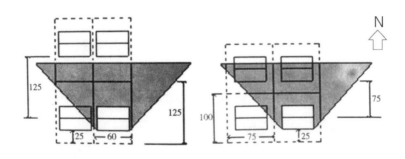

图 5-30　细长纵深布局与宽扁布局比较（单位：m）
（资料来源：杨柳．建筑气候学 [M]．北京：中国建筑工业出版社，2010）

④ 非正交街道旁修建建筑，南北朝向建筑呈"锯齿形"布局（图5-33），可以在满足日照间距要求的同时，获得更好的视野。

2. 道路节能设计优化

道路设计如果采用减少弯道、拓宽行车道、增大转弯半径以减少行驶中停顿时间等使道路"更宽更快"的措施，不仅会割裂道路与邻近地块的关系，边缘化步行者、骑行者和公共交通，而且会助长私家车的大量使用及其能源的消耗，为此城市道路需考虑节能。对于新城规划，应尽可能协调成本并进行节能设计，可以从三个阶段，即道路设计阶段、施工阶段和使用阶段进行节能设计；而对于已建成的城市高密度地区，道路的节能改善以优化和更新为主，具体节能措施如表5-16所示。

另外，城市道路交通实行空间使用和交通组织、地上地下一体化三维布局，可以化解交通枢纽与道路广场空间的矛盾，结合生态绿化可以为城市居民提供更多的多样化的舒适环境。

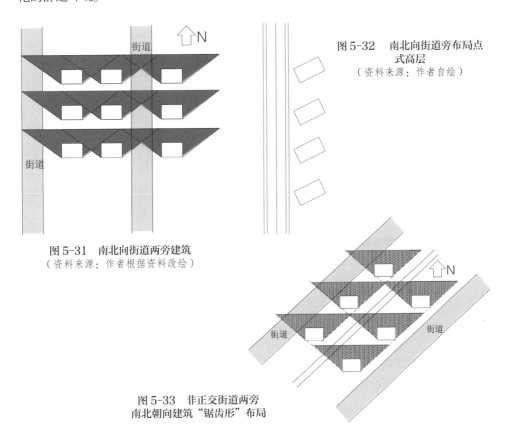

图 5-32 南北向街道旁布局点
式高层
（资料来源：作者自绘）

图 5-31 南北向街道两旁建筑
（资料来源：作者根据资料改绘）

图 5-33 非正交街道两旁
南北朝向建筑"锯齿形"布局

表 5-16 道路节能措施简览

		新规划区域				已建成的城市高密度地区		
	选线与布局节能	优化路网布局	把握交通主流方向	减少中间控制点	节约土地资源	禁止穿过性交通	单向行驶道路的利用	增加进入中心区的私人小汽车的边际成本
道路设计阶段	设计速度	根据功能、等级、交通量等因素设计,设计速度越高,节能效果越明显,因此交通性道路原则上不穿过						
	横断面设计	对城市各等级道路断面进行设计与更新调整,增加公交车专用道、自行车专用道横断面形式						
	路面设计	降低不透水铺地占通行道路面积的比例,采用高反射率人行道,并且多采用树木遮阳,减缓当地城市热岛效应,改善空气质量,提高路面耐久性以及交通的稳定性						
	路面地下设计	为路面的地下公用设施设计方便而实用的通道,便于维护,尽量不破坏通行道路,延长路面的使用生命周期,减少反复开挖和路基处理导致的不利影响						
道路施工阶段	材料节能	推广使用①预拌混凝土、温拌沥青混合料;②粉煤灰、煤矸石、矿渣、尾矿等工业废料;③建筑余土垃圾				建筑余土垃圾的回收再利用,被拆除的构筑物能重复利用的成品再利用		
	机械施工	采用先进、科学、节能的施工工艺与方法,选用合理的施工机械,既可以加快施工速度,又可以减小劳动强度,还提高了路面基层平整度,以节省路面面层材料						
	养护、维护	预防为主、防治结合;预先规划协调好市政管线的安排,防止不断开挖下管				对需要改善优化的道路地下管线应尽可能地做好规划协调,减少不必要的财力、物力、人力的浪费		
道路使用阶段	多种交通形式	优先发展城市公共交通,限制与控制小汽车需求;积极推行环保节能的绿色交通——步行及自行车系统;采用自行车共享网络						
	照明节能	合理确定照明标准、布灯方式、安装高度和功率;选择诸如太阳能、发光二极管等高性能光源;科学控制开关时间						

资料来源:作者归纳整理。

5.4.3 道路峡谷节能利用

根据我国《民用建筑设计统一标准》(GB 50352—2019)和《民用建筑热工设计规范》(GB 50176—2016),我国ⅡA气候区的建筑物应满足冬季保温、防寒、防冻等要求,同时部分地区(如京津冀地区)夏季应兼顾防热和通风的要求。

1. 利用 *D/H* 值为住宅建筑争取更多的日照

街道与建筑的宽高比 *D/H*(图5-34)是城市规划学和建筑学中常用的参数,基于使用者的尺度,当 *D/H*=1 时,空间匀称,此时的街道尺度使人在心理和视觉上都感到舒适;当 *D/H* > 1 时,随着街道变宽使用者距离感增强,该尺度适用于交通性道路;当 *D/H* < 1 时,随着街道变窄,人的距离感减弱,迫近感产生并增强,该尺度适用于生活性道路。另外,*D/H* 的比值越大,街道两侧的建筑遮挡越少,街道获取的阳光越多。因此,寒冷气候条件下的城市高密度地区需要合理控制 *D/H* 比,以便为沿街住宅建筑

争取更多的日照，进而减少冬季因采暖所消耗的能源。

2. 利用空气通道为城市高密度地区驱散污染物

城市高密度地区高层或超高层建筑的高密度开发、高容积率是常态，故很难设计出足以让风贯穿屋顶至地面的宽阔的街道。当城市高密度地区

图 5-34　街道与建筑的宽高比
（资料来源：作者自绘）

建筑达到一定高度时，适当通风不仅在夏季为城市降温，还可以在秋冬季为 Ⅱ A 气候区赶走空气污染（如霾）。因此，在城市高密度地区设置空气通道尤为重要。如图 5-35 所示，空气通道宽度至少是其两边建筑宽度之和（W）的 50%，即 $W_{空气通道} \approx D$，$W_{空气通道} \approx (W_1 + W_2)/2$，此时利用空气流动驱散污染才比较有效。此外空气通道的长度也是影响空气通道效用的影响因素。基本假定：当高度（H）> $3W$ 和长度（L）> $10W$ 时，宽度（$W_{空气通道}$）将增加到 $2W$。

随着建筑高度的不断攀升，街道会演变为"深谷"形态，空气流动随之变得复杂。当高宽比大于 2 时，会出现垂直于街道峡谷的环状风（图 5-36，并伴有一级和二级涡旋）。如果第二级涡旋发展，则地面风减弱。拥有高层建筑的城市高密度地区，在未来高宽比可能会超出 3，甚至更高。

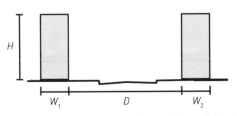
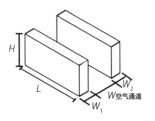

$W_{空气通道} \approx D$，$W_{空气通道} \approx (W_1 + W_2)/2$ 或者 当 $H > 3W$ 和 $L > 10W$ 时，$W_{空气通道} \approx W_1 + W_2$

图 5-35　建筑和空气通道之间的几何关系
（资料来源：作者根据资料改绘）

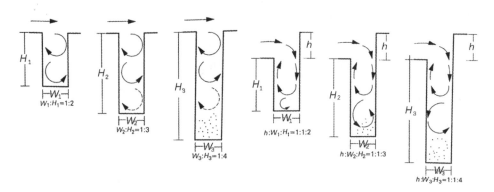

图 5-36　不同街道深谷和气流涡旋
（资料来源：吴恩融.高密度城市设计——实现社会与环境的可持续发展 [M]. 叶齐茂，倪晓辉，译.
北京：中国建筑工业出版社，2014：29）

3. 利用道路峡谷通风缓解夏季热岛效应的负效应

城市高密度地区是热岛效应的高发区，空调系统的能量消耗巨大。ⅡA 气候区的夏季也会出现高温和酷暑，而高密度布局会增大城市热岛强度，不仅明显危害人体健康，还严重影响城市室外空间的使用效率，从而增加室内热舒适调节的能源消耗。

街区西北侧沿街布置的高大建筑在冬季可以遮挡寒风，在夏季由这些高大建筑形成的街道峡谷可以实现适当的城市通风，缓解热岛效应、提高开放空间热舒适性、减少或免除空调的运行、分散污染物。

从前文关于"气候在城市中的影响尺度"的分析描述可知，城市冠层中较高建筑城市气温通常比较高，风场比较弱，气流比较稳定，对于寒冷气候条件下的城市高密度地区，这种情况在冬季甚至可以减少采暖负荷。但是，为了降低夏季城市热岛的负面效应，适当的自然通风是非常必要的，且建筑通风系统的进气口不宜过低以规避污染。

5.4.4　多模式混合交通及交通能源节能策略

城市高密度发展能够有效防止城市化侵占乡村和农业用地，面对高人口密度问题就必须减少私人小汽车的使用，提高公共交通的使用，从而减少私人小汽车使用带来的高汽油消费和随之引起的污染。

在高密度城市应规划低碳和绿色交通体系，降低能耗和污染，以土地集约利用为原则，建立轨道交通、车行交通、步行交通等各种交通方式优化组合的立体交通体系，提倡以公共交通为主导的多模式混合交通，包括以下几个方面。

① 大力发展多元化道路公交系统，包括轨道交通、公交车、电车、出租车等，并且制定公交优先和低价公交、小汽车限行管理政策。在大城市、特大城市的高密度地区，亟须发展大容量快速轨道交通（如地铁），以解决高密度人口的公共交通需求，尤其在寒冷地区，地下空间冬天可以抵挡寒风保证一个适宜的温度，夏季其温度在一定程度上低于地面温度，可以降低空调制热／制冷的能耗；公交优先和限制小汽车的使用，更可以节省汽油，缓解城市高密度地区的交通拥堵和空气污染，而低价公交可以促使和鼓励居民搭乘公交系统，是需要政府投入大量的资金推行公共交通的必要举措；与其他基础设施一样，公共交通系统建设和运行的费用都很高，在城市高密度地区公共交通系统更加适用，因其拥有众多的使用者，可以维系自身的运行，这样就可以提高公交系统的效率和可靠性，从而有收益和有效率地持续使用公交系统，但如果公交系统承载力不足，高密度将会导致交通拥堵和拥挤。

② 鼓励非机动车出行。由于寒冷气候地区的冬季并不像严寒气候地区（如我国东北地区）的冬季那么漫长，降雪和冰冻也不像它那么严重，非机动车出行在ⅡA气候区非山地的城市中也很适用。高密度建筑和高人口密度意味着场所和人员都十分集中，相互接近的空间会提供更多可以采用步行、骑自行车方式出行的机会，从而减少使用小汽车出行的次数和每次出行的距离，因此要完善自行车出行系统和鼓励步行。城市道路建设还是以机动车为主要考虑因素，自行车和步行处于从属地位。增加步行道建设，建立和完善共享单车制度，以及改善自行车出行的交通环境是鼓励非机动车出行十分有效的措施。

③ 推动汽车合乘合法化及推广汽车共享租赁项目。汽车合乘是一种兼具公共交通与小汽车优点的出行方式，是整合和激活存量资源并加以利用的强大后台支撑，其实质是一种共享经济，可以起到缓解城市交通拥堵、实现交通资源优化、节约能源、减少空气污染的作用。表 5-17 给出不同交通方式的实载率与能耗的关系，从中可以看出交通工具实载率越高，单位人·千米的能耗越低。

"汽车共享"最早出现于 20 世纪 40 年代的瑞士。"汽车共享"是一种会员制的汽车自助式或人工式短租项目，一般通过电话或网络预约汽车，按月支付燃油费、维修费、停车费、保险费等。在高密度城市，公共交通服务较发达，城市用地功能复合，基本不需要购买私人汽车就可以满足日常需要，使用共享车便利、省钱，并且给交通和环境都带来巨大效益。国内首次出现共享汽车是 2010 年，德国不来梅的"汽车共享"作为一项进口产品业务在上海世博会上正式展览。而后，国内逐渐出现 EVCARD、Gofun、有车出行 UR-CAR 等共享汽车企业，并在一线、二线城市得到发展。随后"网约车""共享单车"等共享交通方式迅速流行起来。

表 5-17　不同交通方式的实载率与能耗的关系（单位：MJ ／（人·km））

交通方式			实载率			
			25%	50%	75%	100%
小汽车	汽油	＜ 1.4 L	2.61	1.31	0.87	0.62
		＞ 2 L	4.65	2.33	1.55	1.16
	柴油	＜ 1.4 L	2.26	1.13	0.75	0.57
		＞ 2 L	3.65	1.83	1.22	0.91
轨道交通		市区	1.14	0.59	0.38	0.29
		郊区	1.05	0.57	0.35	0.26
公共汽车			0.7	0.35	0.23	0.17
小公共汽车			1.42	0.71	0.47	0.35
自行车			—	—	—	0.06
步行			—	—	—	0.16

资料来源：李朝阳 . 现代城市道路交通规划 [M]. 上海：上海交通大学出版社，2006.

④ 实现高效立体换乘。在高密度城市应尽快完成多层立体交通体系和高效换乘交通枢纽的研究和设计，设立多模式混合交通的一体化综合交通枢纽，不仅可以提高换乘效率，也对提升城市高密地区空间环境及经济生态效益有着重要作用。考虑到寒冷气候区冬季气候因素的影响，要实现地区不同交通方式便捷舒适、全天候的"零距离"换乘，建设有外围护结构并可利用太阳能加热的候车亭，或地下开发建立多层立体交通系统，并推行公共交通智能卡，减少寒冷气候条件下的等候时间，减少寒冷气候对人体造成的不适，以及利用交通枢纽衍生出商业、服务业新功能，合理规划布局，提高城市空间的经济运转效率。

⑤ 发展低能耗清洁汽车：鼓励微型车发展、引进先进低能耗汽车、引进开发新一代汽车、促进电动汽车发展、限制汽车排放标准。通常新能源低能耗汽车包括纯电动汽车、燃料电池电动汽车、氢发动机汽车、混合动力汽车、增程式电动汽车、甲醇汽车、

气动汽车等。另外，除了使用低能耗清洁能源的汽车，很多国家的企业、设计师也在研究新型动力的代步车，如澳大利亚的设计师西蒙·科拉布法洛（Simon Colabufalo）设计出的名为 Metrotopia 的高机动性双人座单轮电动工具（图 5-37），奥迪公司赞助研发的辅助交通工具系统电动自行车（图 5-38）、双座三轮汽车（图 5-39）、四轮微型车（图 5-40）、通勤车（图 5-41）、Ciclo 轨道车（图 5-42）、州际运输列车（图 5-43）。

多模式混合的交通方式增强了城市交通的便利性，提高了公共交通的使用率；城市高密度地区各种交通的立体分层化发展及有机联系，使各类交通形式自成完整系统，避免了各类交通形式的相互干扰。这些优化措施都有助于减少城市中心地区的交通拥堵、环境污染和能源消耗。

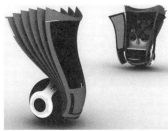

图 5-37 高机动性双人座单轮电动工具

图 5-38 电动自行车　　　　　　　图 5-39 双座三轮汽车

图 5-40　四轮微型车　　　　　　　　　图 5-41　通勤车

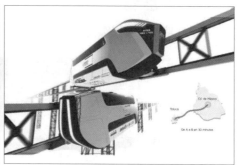

图 5-42　Ciclo 轨道车　　　　　　　　图 5-43　州际运输列车

5.4.5 冰雪路面节能化清理

对于寒冷气候条件下的城市，降雪为冬季普遍的降水形式，降雪导致路面结冰，积雪和冰冻为冬季的交通出行带来不便，不仅极易引发交通事故，还会影响车辆行驶速度、增加车辆本身能耗。针对这种情况，除了修建带有玻璃罩的步行街道或发展各种类型的地下街等解决寒冷天气出行的方式以外，道路冰雪清除必不可少。我国寒冷气候地区城市道路冰雪清除主要有机械清雪、融雪剂清雪和人工清雪三种方式。但是这三种清雪方式都具有一定的局限性，例如撒融雪剂不符合环保要求，会污染环境；机械清雪符合环保要求，但成本过高；人工清雪效率极低，还容易造成交通事故。

为防止寒冷气候条件下的城市道路冬季冻胀、冻结，可以研究开发抗冻结路面的铺设技术。针对人行道、人行横道、步行街、休闲广场等室外步行空间可以采用市政供电、燃气、生活污水、工业余热等回收废热的技术来建立局部融雪系统，如发热电缆融雪化冰系统、多功能自融雪沥青路面、太阳能 - 土壤源热能耦合道路融雪系统、智能化控制碳纤维导电混凝土融雪化冰系统、相变储能路面融雪系统等。另外，可以对冬季降雪进行再利用，例如集中储存用于医疗制冷，不仅解决了积雪处理问题，有利于环境保护，而且还开发了寒冷气候区的新替代能源，降低了制冷方面的传统能源消耗。

5.5 公共空间及生态绿化节能策略

5.5.1 适宜的开放空间设计

城市中的非正式空间（诸如城市开放空间），是用来容纳那些被正式空间忽略服务的活动的，"多样性使用"是这些空间具有"弹性"的标志，也是城市中最适宜"生态"的空间（图5-44）。

寒冷气候条件下的城市有半年或半年以上的时间受低温、冷风、降雪等不利气候因素影响，包括冬季、初春或秋末，导致寒冷气候区城市活力大受影响。因此，在住宅区，尤其是多层和高层住宅区中，建造可提供多样化室外活动的设施异常重要。适宜的开放空间设计，不仅可以满足城市居民对天空、阳光、花草树木等自然要素的亲近需要，而且可以降低城市伪生态带来的负效应及能源消耗，从而平衡城市高密度

图5-44 纽约中心城区曼哈顿及中央公园
（资料来源：http://news.ifeng.com/coop/20141218/42746535_0.shtml#p=8）

环境并节约能源。寒冷气候区开放空间可以布置为由建筑环绕保护的中庭形式，建筑阻挡来自各个方向吹向中庭的风，减小开放空间"风暴露系数"[1]，提升使用者的舒适度。

首先，开放空间应有合理的选址定位。寒冷气候条件下，开放空间的选址定位应倾向于建筑阴影之外拥有充足日照、近地面风速不能太大、没有多方向气流影响的地方。有研究表明，在同样避风的条件下，静止不动的人，其舒适的体感温度底限在阴影下是 20 ℃，而在充足的阳光照射下是 11 ℃，这说明开放空间的选址定位决定了人们对户外季节的感知。图 5-45 所示为位于旧金山市的吉安尼尼广场，图中 A 为广场主体空间，B、C、D 为附属空间，但是 A 处被美国银行大厦遮挡，在一天中大部分时间都是处于阴影中的，背阴、毫无生气，而 B、C、D 三处因阳光明媚而使用率较高。由此可以看出，人们在使用开放空间时很关心阳光照射问题。

在寒冷气候条件下的城市高密度地区，建筑密集布局、高层林立，导致风环境复杂。开放空间也不适宜选址定位在风漩涡气流频发和容易积雪的区域。研究表明，风速越大，气温下降越快，12 ℃的空气温度在 4 m/s、6 m/s、8 m/s 的气流下人体感知温度分别为 9.5 ℃、8.0 ℃和 6.5 ℃。

对于已建开放空间或无法选择适宜地区的开放空间，可以通过周边建设控制和改造解决不适宜问题，例如通过计算或模拟提出限制其南侧建筑的体量和高度，减少

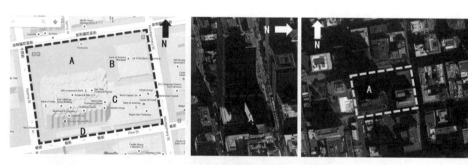

图 5-45 美国旧金山市吉安尼尼广场
（资料来源：作者根据 google earth 截图整理绘制）

---

[1] 阿格尼夫采夫（Agnivtsev）等人在 1987 年做了一个实验，测量了在不同风向、不同的建筑物排布形式下的风速情况。他们提供了实验数据，即被围合的开敞空间中平均风速占综合环境风速的比例。

建筑投影面积和风环境负效应。开放空间要有适宜的规模和尺度。开放空间的规模和尺度取决于其使用性质和功能，并且受限于环境、交通和用地条件。寒冷气候条件下开放空间过大或过小的规模和尺度都会加剧冬季物理环境的恶劣程度，缺乏生态合理性。对照欧美国家的寒冷气候地区城市，大多数广场的规模在 0.5~1.5 hm²（表 5-18）。如图 5-46 所示，两个分散均质布局的小公园比一个集中布局的较大公园对环境影响的范围更大。

表 5-18   欧美城市位于城市中心的广场规模

城市	广场名称	面积 / hm²
丹麦哥本哈根	Gammeltory	0.73
挪威卑尔根	Ole Bulls Plass	0.74
瑞典马尔默	Gustav Adolfs Torg	1.44
法国斯特拉斯堡	Place Kleber	1.20
加拿大蒙特利尔	Place Berri	1.08
美国费城	Welcome Park	1.25

资料来源：冷红. 寒地城市环境的宜居性研究 [M]. 北京：中国建筑工业出版社，2009.

此外，加拿大学者研究认为，适当的小气候设定和调节，可以使户外的舒适气候延长 6 个星期。因此，寒冷气候条件下，可以通过增加日照、选取适当避风手段等建立适宜的开放空间，营造舒适的小气候。减弱使用者对季节变化的感受，提高寒冷气候地区城市开放空间的利用效率。

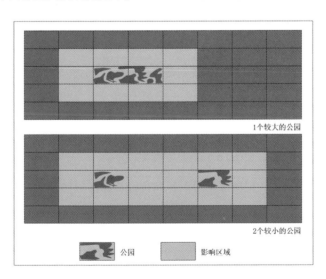

图 5-46   两个分散均质布局的小公园比一个集中布局的较大公园对环境影响的范围更大
（资料来源：Roo M，Kuypers V H M，Lenzholzer S. The green city guidelines: techniques for a healthy liveable city[M]. Zwaan Printmedia, 2011）

5.5.2 合理的生态绿化设计

1. 水平方向生态绿化设计

城市是一个复杂的物质实体系统，其建筑密度、容积率、人口密度、地表温度、植被覆盖程度、风速、湿度等因素都会对城市的气候环境产生影响。众所周知，城市氧气的主要来源是绿地和绿植，根据城市氧平衡理论，倘若城市自身绿地生产的氧气足够支撑城市人群活动所需，便是理想的城市生态系统。但由于城市的复杂性和开放性，能量、信息、材料、产品等不断输入输出，与城市周边进行交换，实际上很难达到"自我平衡"。城市中的耗氧因素有很多，除生物呼吸外，还有工业、交通等活动也是重要的耗氧大户，因此城市综合人均耗氧量是单纯呼吸耗氧的数十倍[1]。寒冷气候条件下的城市高密度地区因其人口、交通、建筑、产业的聚集及漫长冬季采暖需求而耗氧量更大，所以需要大量的绿化面积。通常成龄乔木林的日吸碳放氧量是同等面积草地的 3~5 倍。在城市高密度地区利用有限的土地面积提高绿化生态效益，需要从绿化的覆盖面积、绿化结构和植被的类型三方面着手，尽量保留天然湿地、绿地，发展都市农业，增加绿化面积和提升绿化覆盖率，提高三维绿量[2]，增强垂直立面绿化多元性。

从生态角度看，寒冷气候条件下城市高密度地区应建设分散的中小型综合绿地，为城市提供有效且迅速的空气转换，调节高密度地区小气候，改善空气环境质量。分散的中小型综合绿地不仅投资小，易于建造，还便于市民使用，减少了由寒冷气候条件下长距离出行不便所造成的绿地闲置浪费。

2. 垂直方向生态绿化设计

屋顶绿化对城市高密度地区的生态节能起到十分重要的作用。有研究表明：① 在冬季，屋顶有绿化比没有绿化的室温高 1.0~1.1℃，在夏季屋顶有绿化比没有绿化的室温低 1.3~1.9℃，屋顶绿化可以起到良好的保温隔热作用，降低建筑能耗；

---

[1] 冷红 . 寒地城市环境的宜居性研究 [M]. 北京：中国建筑工业出版社，2009.
[2] 即提高绿植茎叶的茂密程度，提高乔木、灌木、草坪的绿化比例和增加空间层次。

② 选择热胀冷缩变化幅度小的材料做屋面，可以延缓老化进程，研究测定结果表明，当屋顶覆土厚度大于 30 cm 时保温隔热效果明显；③ 缓解城市热岛效应，不同材料的屋顶绿化对太阳辐射热的吸收能力不同（图 5-47）；④ 截留雨水，通常屋顶绿化平均可截留 43.1% 的雨水，简单式屋顶绿化可截留 21.5% 的雨水，花园式屋顶绿化可截留高达 64.6% 的雨水[1]，这样不仅可以将雨水资源化利用，还减少了相应的城市污水处理量，从而降低能耗。

垂直绿化不仅起到了绿化功能，在炎热的夏季还可以遮阳，为室内降温，节约能源；并且在大楼顶部安装日光反射装置，将日光反射到指定位置并捕获太阳能，当室内有加热需求时，日光反射装置可以将日光反射到大楼内部，反之则反射到室外和邻近的公园，而在夜晚则变成巨大的 LED（发光二极管）屏点亮城市空间。

另外，除了在屋顶、阳台、露台和建筑外墙增加绿化外，还可以利用建筑表面发展都市农业，并在大楼内设置太阳能电池板、雨水收集系统和屋顶绿化带。也许不久在市中心建造垂直农场生产食物，会成为新趋势。

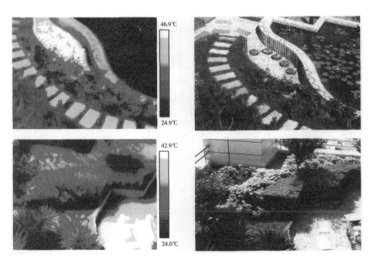

图 5-47　科技部建筑节能示范楼屋顶花园不同材质热像图和影像图对比
（资料来源：科技部建筑节能示范楼屋顶花园）

[1] 李连龙，韩丽莉，单进. 屋顶绿化在城市节能减排中的作用及实施对策 [C]// 北京市"建设节约型园林绿化"论文集. 2007: 144-151.

5.5.3 生态机动车停车场设计

机动车停车场不足与土地的低效利用是城市高密度发展的突出问题。城市高密度地区用地紧张、停车困难，人口密度高和人口流动大，使得停车位更加紧缺，并且传统停车场的硬质铺地不仅使雨水下渗困难，还会吸收更多的太阳辐射并在夜间释放长波辐射，导致气温升高等问题。因此，城市高密度地区机动车停车场的节地型生态设计势在必行。

① 考虑到用地稀缺，城市高密度地区停车场的设置应该摒弃一元化的水平方向铺摊式停车方式，因为这种停车方式既不经济也不生态，还浪费大量土地资源。应采用立体节地型机动车停车场设计，例如立体停车楼、升降横移两层停车库、复式斜向泊车系统、旋转立体停车场等（图5-48）。

图 5-48　节地型立体停车系统
（资料来源：网络资料整理）

② 传统式停车场应进行生态改造设计，结合采用透水地砖（图5-49）增加绿化设计（图5-50），这样可以提高城市绿化率、有效滞尘、增加雨水下渗、减少噪声、增加湿度、降低温度、缓解城市热岛效应等。

图 5-49　停车场透水地砖
（资料来源：作者拍摄）

图 5-50　停车场结合绿化
（资料来源：作者拍摄）

5.6 建筑群组的气候设计

在寒冷气候条件下，科学合理地进行建筑群组布局的生态设计，能够极大限度地创造适当的局地小气候。这样不仅可以减少由冬季恶劣气候条件带来的负效应，改善空间环境质量，而且对保护生态、节约能源也能起到重要作用。

5.6.1 建筑群组影响下的选址策略

1. 场地日照

对于建筑，实现减少冬季采暖能耗的节能目的，合理、有效且经济的途径便是利用阳光。场地日照直接影响整个场地的建筑群组布局。为满足日照需求，设计时需要综合考虑气候条件、日照特点、地形、相邻场地建筑的遮挡条件以及节约用地等因素，并采取相应正确的、适当的、科学的措施，解决建筑群组间距、体形、朝向、遮阳等问题。

① 住宅建筑应该选择场地中向阳、避风的平地或南向山坡，以提高采暖效率，节约能源。

② 建筑群组中，每座建筑能否充分得热的决定因素是日照间距，而过大的间距又会造成用地浪费。日照间距（D_o）的计算方法（图 5-51）：

$$D_o = H_o coth \cdot cos\gamma \qquad\qquad 公式（5-5）$$

式中：γ——后栋建筑墙面法线与太阳方位角的夹角，$\gamma = A-\alpha$ 即太阳方位角 A 与墙面方位角 α 之差；

　　　h——太阳高度角；

　　　H_o——前栋建筑计算高度（前栋建筑总高减后栋建筑第一层窗台的高度）。

当建筑朝向正南时 $\alpha = 0$，公式可写成：

$$D_o = H_o coth \cdot cosA \qquad\qquad 公式（5-6）$$

式中：$coth \cdot cosA$——日照间距系数。

在我国，居住建筑应保证充足的日照，住宅建筑日照标准应满足《城市居住区

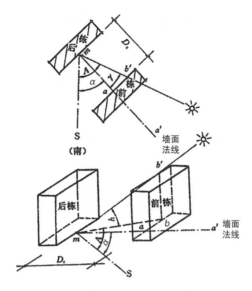

图 5-51　日照间距计算
（资料来源：李海英，白玉星，高建岭，等．生态建筑节能技术及案例分析 [M]．北京：中国电力出版社，
2007）

规划设计标准》（GB 50180—2018）中所规定的日照时数（表 5-19）。对于特定情况，还应符合下列规定：①老年人居住建筑日照标准不应低于冬至日日照时数 2 h；②在原设计建筑外增加任何设施不应使相邻住宅原有日照标准降低，既有住宅建筑进行无障碍改造加装电梯除外；③旧区改建项目内新建住宅建筑日照标准不应低于大寒日日照时数 1 h。

表 5-19　住宅建筑日照标准

建筑气候区划	Ⅰ、Ⅱ、Ⅲ、Ⅶ气候区		Ⅳ气候区		Ⅴ、Ⅵ气候区
城市常住人口/万人	≥ 50	< 50	≥ 50	< 50	无限度
日照标准日	大寒日			冬至日	
日照时数/h	≥ 2	≥ 3			≥ 1
有效日照时间带 （当地真太阳时）	8 时至 16 时			9 时至 15 时	
计算起点	底层窗台面				

注：底层窗台面是指距室内地坪 0.9m 高的外墙位置。
资料来源：《城市居住区规划设计标准》（GB 50180—2018）。

　　通常正南、正北向建筑间距可按照日照标准确定的不同方位的日照间距系数来控制，具体要求需要根据《城市居住区规划设计标准》（GB 50180—2018）按气候条件和城市特点做详尽规定，并且结合住宅朝向制定不同方位的日照间距系数（不同方位的建筑间距较之正南、正北向建筑有所折减，如表5-20所示）。

利用当地日照间距系数来确定住宅建筑的间距只是一种比较粗略的手段，只适用于多层板式住宅。随着塔式高层住宅建筑的广泛应用，日照间距系数法越来越无法满足建筑布局对日照的需要，精确的方法是利用计算机进行日照模拟，对日照角度、时间、间距、遮阳等进行精确的模拟和计算。日照模拟软件主要有三维日照分析软件Sunlight、SUNSHINE日照分析软件、HYSUN日照分析软件、天正TSun、FastSun和Ecotect等。

表5-20　不同方位间距折减换算表

方位	0°~15°（含）	15°~30°（含）	30°~45°（含）	45°~60°（含）	>60°
折减值	1.0 L	0.9 L	0.8 L	0.9 L	0.95 L

注：（1）表中方位为正南向（0°）偏东、偏西的方位角；（2）L为当地正南向住宅的标准日照间距（m）；（3）本表指标仅适用于无其他日照遮挡的平行布置条式住宅之间。鉴于日照间距系数是一个非常不全面的设计依据，随着计算机的普及，计算方法已经改进为计算机日照分析。
资料来源：清华大学　建筑学院　人居环境模拟实验室 http://caad.arch.tsinghua .edu. cn/index.php/research/25-sunshine/48-sun-shadow-analysis-background.

2. 场地通风（避风）

建筑场地通风（避风）不仅包括处于寒冷气候区所面临的全球性风系，还有小范围局地的地方风。有接收太阳辐射不均匀以及受到地形、地貌、地势、地表覆盖、道路峡谷和建筑群组影响等因素产生的地方性风系，也有水陆风、山谷风（图5-52）、高楼风、街道风（图5-53）等。

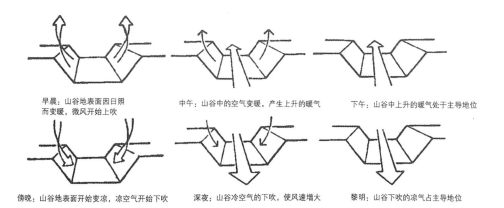

早晨：山谷地表面因日照而变暖，微风开始上吹

中午：山谷中的空气变暖，产生上升的暖气

下午：山谷中上升的暖气处于主导地位

傍晚：山谷地表面开始变凉，凉空气开始下吹

深夜：山谷冷空气的下吹，使风速增大

黎明：山谷下吹的凉气占主导地位

图5-52　山谷地区每天早晚气流变化的示意图
（资料来源：刘加平. 建筑物理 [M]. 3 版 . 北京：中国建筑工业出版社，2000）

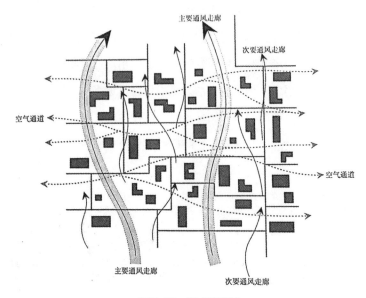

图 5-53 城市街道风

（资料来源：吴恩融.高密度城市设计——实现社会与环境的可持续发展 [M]. 叶齐茂，倪晓辉，译.
北京：中国建筑工业出版社，2014：29）

场地风环境的状况（如风向、风速、空气温度等）将直接影响建筑的室内热环
境状况，从而影响建筑能耗。因此，场地风环境的设计应以当地气候为基础调节场
地微气候，组织通风（避风）。在场地中，影响通风（避风）的主要因素有建筑群
组的高度、间距、街道走向、地面覆盖状况和空旷场地布局等。寒冷气候 A 区的冬季，
强冷风会降低建筑外围护结构的保温性能，加速建筑室内热损失，降低人体舒适度，
进而增加满足舒适度所消耗的能源；而在夏季，又要兼顾适当通风降温，因此，要
求综合考虑场地的风环境状况，规划和布局要求具有很强的适应性，并且要求建筑
通风设施具有很强的可调性，利于冬季避风和适当的夏季通风。

3. 场地的不利因素

在寒冷气候条件的约束下，考虑到冬季霜冻效应的影响，建筑及群组布局选址
时避免布置在山谷、洼地、沟底等凹地形内，防止建筑物底层或半地下层热损失过多
而使得保持所需的室内温度所耗的能量增加。

在城市高密度地区，考虑场地内部冬季寒流走向对小气候的影响，防止强风
带来的额外能耗，封闭西北向的半封闭布局（图 5-54），使建筑在冬季可以阻挡

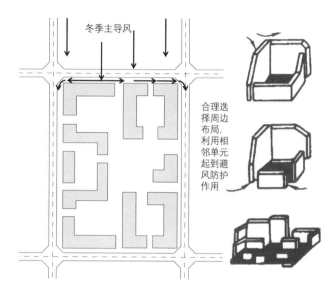

图 5-54 封闭西北向的半封闭布局
（资料来源：作者根据资料整理绘制）

寒风；并在夏季（盛行风为南风、东南风或西南风），能够增强建筑内部以及其周围环境的自然通风效果，达到建筑群组冬季避风和夏季适当通风的节能目的。

场地中处理不当的沟槽、低洼地等会产生雨雪堆积，雨雪在蒸发、融化过程中会带走大量热能，降低建筑外环境温度，从而增加能耗，还会威胁居民安全。

5.6.2 建筑群体布局节能设计策略

建筑群体布局是对城市小气候环境起到正、负效应的重要因素，包括群体布局方式、朝向选择、间距控制、容积率、建筑密度和建筑高度控制等。表 5-21 显示发达国家城市发展过程中根据建筑室内外环境质量总结出的建筑群组布局与小气候的关系，随着城市建筑数量、密度和高度的不断增加，环境并非越来越好，如瑞典的斯德哥尔摩，城市中心在 20 世纪 50 至 60 年代进行了大规模拓宽街道、增高建筑等改造和建设，但是环境质量却下降了，诸如日照减少、风速变大、阴影增多、气候变冷等问题。

表 5-21　建筑群组布局与小气候的关系

阶段	建筑群组特点	室内气候环境	室外气候环境
20 世纪 30 年代以前	密集的低层、多层	阴暗	阴暗
20 世纪 40 至 50 年代	分散的三层住宅	光线充足、日照良好	光线充足、日照良好
20 世纪 60 至 70 年代	多层、高层	光线充足、日照良好	多风
20 世纪 80 至 90 年代	密集的高层	阴暗	多风、阴暗

资料来源：冷红，郭恩章，袁青. 气候城市设计对策研究 [J]. 城市规划，2003，27（9）：52.

1. 获得良好日照的建筑群体布局

阳光对于生活在寒冷气候条件下的人类的重要性不言而喻。阳光不仅杀菌、抑制细菌再生、净化空气、促进人体骨骼生长，还具有十分强烈的热效能，在冬季作为室内的热源补充，从而降低能源消耗。

建筑群坐落位置的地形、地貌会直接影响建筑群组之间的环境及建筑室内环境和能耗的大小，设计时可以通过改善所选场地微气候和群组间组合优化，提高节能效率。在寒冷气候条件下，建筑利用太阳辐射得热采暖是最环保、经济的途径。同时，还需要减少冷风对建筑的侵袭，所以应根据建筑的性质、功能确定向阳和背阴的方向，以达到增加建筑得热、避寒的目的。

建筑群体的形式及其空间组合安排影响着相邻建筑物的日照水平和被遮挡程度。对于正南向的居住建筑，通常以当地大寒日或冬至日正午 12 时的太阳高度角作为确定日照间距的依据，不同地区太阳高度角不同，建筑朝向也不同，因此建筑物前后遮挡情况也不同。在能够满足日照间距要求的基础上，尽量缩小建筑物之间的间距或者增大建筑密度，可在不损失太阳辐射的情况下构建更加紧凑的城市高密度发展布局。

① 居住建筑群体布局一般采用行列式、周边式、混合式、散点式等形式，其中行列式及其变种形式搭配点式建筑的形式日照效果较好。

② 将前后平行布置的行列式住宅在面宽或进深方向错列布置，再适当增大山墙间距，利用侧光，可以为底层住户获得更多的日照，即住宅错列布置（图 5-55）。

③ 住宅错列布局可以提高日照水平（图 5-56）。

④ 行列式住宅搭配点式住宅布置，可以有效地增强日照效果（图 5-57）。

⑤ 高低建筑物行列式布局时，由南向北逐渐增加建筑物的高度，北面建筑可获得更多的日照。

⑥ 充分利用宽阔道路和植被，以获得更多日照（图5-58）。

⑦ 对建筑物的选址和形状设计进行优化，实现建筑物的体积最大化。如图5-59所示，利用建筑实体的位置移动实现空间补偿并获得更多日照。

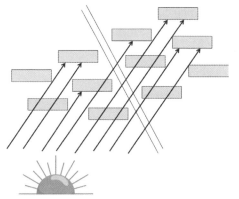

图5-55　住宅错列布置
（资料来源：作者自绘）

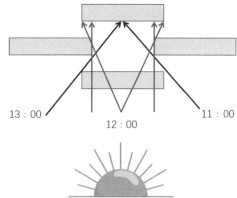

图5-56　住宅错列布局提高日照水平
（资料来源：作者自绘）

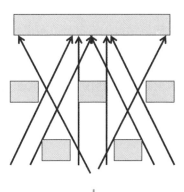

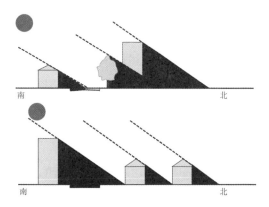

图5-58　利用道路和植被使建筑获得更多日照
（资料来源：作者自绘）

图5-57　行列式住宅搭配点式住宅
（资料来源：作者自绘）

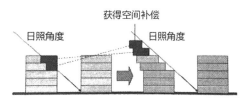

图5-59　利用空间补偿以取得日照
（资料来源：董春方.高密度建筑学 [M]. 北京：中国
建筑工业出版社，2012：16）

另外，建筑外部空间的日照环境常常被人们忽略，而实际上，建筑群组间的公共空间、绿化空间等也是需要良好的日照采光的，通过调整建筑方位与组合，缩小冬季终日阴影区的面积，为户外空间争取更多日照，从而提升室外环境的热舒适性。一般采用 SHADOWPACK、GOSOL、TOWNSCOPE、Ecotect 等软件进行日照条件模拟，确定如何限制和控制新建建筑的体量、高度组合方式。

2. 改善风环境的建筑群体布局

寒冷气候区冬季多盛行西北风和偏西风，通过适当的建筑群体布局建立气候防护单元，可以阻挡冬季主导风的猛烈侵袭。围合的建筑群体布局能够有效地防止冬季寒风的侵袭（图 5-60），通过布置成开口向南的"U"形，尽量将高度相同的建筑排布在一起，可以达到充分获得太阳辐射和在冬季降低北侧冷风风速的效果，而在夏季该布局有利于引入南风，增强通风效果。并且通过设计围合形式，保证了围合内部的开放空间不受各方面来风的影响，改善局地小气候，从而为冬季室外活动创造条件，如德国汉诺威市康斯伯格（Kronsberg）生态街区（图 5-61）。

如图 5-62 所示，将较高的建筑背向冬季主导风向来阻隔寒风，不仅可以减少寒风对中低层建筑及庭院的侵扰和影响，还便于中低层建筑获得日照。调整建筑的朝向，将建筑尖角迎向冬季主导风向，这样可以避免外表面与风荷载的垂直对抗，减小风速，同时通过设置防风墙、防风板、防风带等挡风设施阻隔冷风侵袭。

3. 同高度建筑群体节能布局

有研究表明，高层建筑周边环境的近地面风速较高，密集布局的高层建筑群组所产生的风力、风速、风向还会引发相互干扰的群体效应（图 5-63、图 5-64）对空间环境甚至是室内空间造成负面影响。

假设容积率相同，而建筑群组的高度差不同，其所造成的气流速度也不同（图 5-65）。随着城市高层建筑大量增加、高度加大（多数在百米以上），密度也随之增大。据统计，城市中央商务区的高层建筑间距很多小于 30 m。在这种情况下，高层建筑物对于地表气流穿过形成阻挡，宏观上会减小风的速度，降低风力作用；但在局部会由于过风面积狭小，形成风力急剧增加，而且这种风力增加是不确定的。如图 5-66 所示，两种不同的城市布局，左图西侧的塔式建筑使得地面有更强的渗透性，风速较

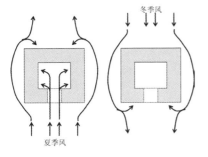

图 5-60　围合布局和适宜的朝向改善小气候
（资料来源：冷红.寒地城市环境的宜居性研究
[M].北京：中国建筑工业出版社，2009）

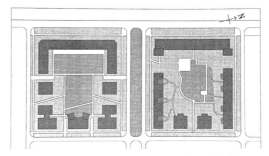

图 5-61　德国汉诺威市康斯伯格生态街区

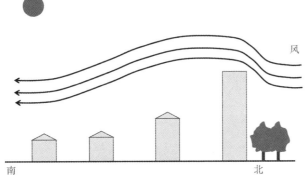

图 5-62　将高建筑置于北侧
（资料来源：作者自绘）

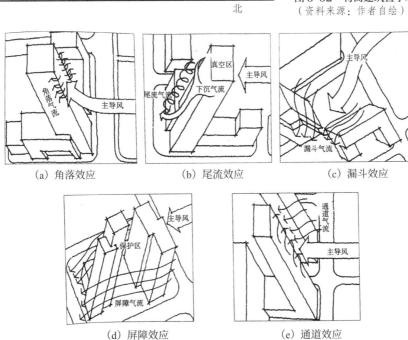

（a）角落效应　　　　（b）尾流效应　　　　（c）漏斗效应

（d）屏障效应　　　　　　　（e）通道效应

图 5-63　高层建筑布局不当形成恶性风流
（资料来源：宋德萱.建筑环境控制学[M].南京：东南大学出版社，2003）

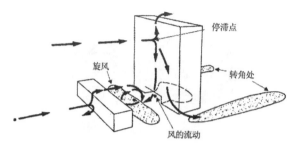

图 5-64　高层建筑对小气候风环境的影响

（资料来源：霍夫．都市与自然作用 [M]．洪得娟，颜家芝，
李丽雪，译．台北：田园城市文化事业有限公司，1998）

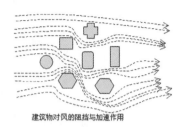

图 5-65　建筑物对风的阻挡与
加速作用

（资料来源：网络）

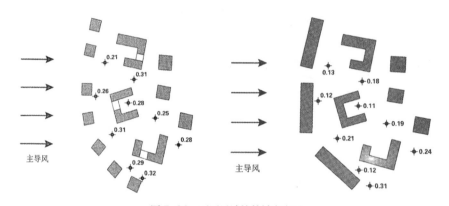

图 5-66　不同风速比的城市布局

（资料来源：香港中文大学建筑学院．空气流通评估方法可行性研究 [R]．香港中文大学风环境评估报告，
2005）

高，而右图因有较高大的建筑遮挡，风速较低。因此多种高度的建筑集群渐进式梯度布局利于ⅡA气候区的城市在夏季适当通风。

根据空气动力学原理，当高层建筑物与多层、低层建筑物邻近时，要避免建筑突然升高，可以将建筑设计成水平分布或者阶梯形后退形式，如图 5-67 所示，距离街面 6~10 m 的高度以上是阶梯后退的立面，从街道墙面的位置到高层建筑物的底部之间的后退距离至少要保持 6 m 左右。城市内的建筑高度由社区内占主导的建筑高度向市中心的建筑高度逐渐升高，中心区建筑高度应效仿"山"字形轮廓线，把最高的建筑物或者构筑物布置在中心，当相邻两个街区衔接时，需要考虑建筑高度的差距，通常当高度改变小于两个街区中较高街区建筑高度的 1/2 时视为合理。围绕高层建筑可能出现的局部高风速区，可以通过建筑群组布局时高度尽可能趋于一致和降低建筑物高度差等加以优化（图 5-68）。

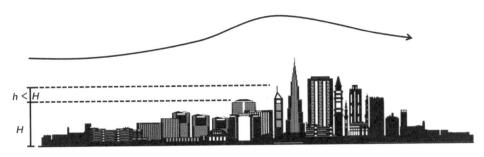

图 5-67　阶梯状分布
（资料来源：作者自绘）

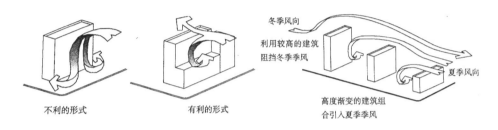

不利的形式　　　　有利的形式

冬季风向

利用较高的建筑
阻挡冬季季风

夏季风向

高度渐变的建筑组
合引入夏季季风

图 5-68　适当的建筑高度组合利于改善风环境
（资料来源：冷红，郭恩章，袁青．气候城市设计对策研究 [J]. 城市规划，2003，27（9）：52）

5.6.3　建筑及建筑群组朝向节能设计策略

寒冷气候地区冬季昼短夜长，日照时间很短，自然光对建筑和人类都很重要，虽然在隆冬通过窗的热量交换散失的热量大于吸收的热量，但是人们还是愿意以此为代价获得一定量的自然光。因此，建筑及建筑群组整体布局需要考虑的重要因素还有建筑朝向的选择和确定。研究表明，在其他条件完全相同的情况下，南北朝向比东西朝向的建筑热耗低大约 5％[1]，西南朝向在严寒气候和寒冷气候 B 区也具有一定优势，下午太阳因入射角的降低可以射到房间深处，建筑有效积蓄热量可以提高夜晚室内的温度。但是在寒冷气候 A 区，建筑物修建方位和朝向不仅需要考虑冬季日光的采集，还需要考虑避免夏季骄阳的炙烤。基于上述原因，建筑的"良好朝向"的选择主要是要遵循"冬季日照足、避主导风向；夏季避免炙烤、适当通风"的原则。

---

[1] 白德懋. 居住区规划与环境设计 [M]. 北京：中国建筑工业出版社，1993.

1. 朝向与日照、采光

① 建筑物及建筑群组朝向的选择。因外围护墙体在不同朝向上，太阳辐射强度和日照时数不同，所接收到的太阳辐射热量也不同，故需要根据具体地区的太阳运行规律来确定朝向，以争取更多的太阳辐射量。寒冷气候 A 区建筑物在无遮挡条件下，自日出至日落南向墙面都能得到日照，日照时间最长，而北向墙面全天无日照。南偏东（西）30°朝向墙面，冬至日有将近 9 小时日照，而东、西朝向仅有 4.5 小时左右日照。

② 通常建筑物室内的日照情况与室外墙面的日照情况大体一致。在无遮挡的条件下，寒冷气候 A 区冬季南偏东或南偏西 45°朝向，室内日照时间较长，冬至日该朝向有 6.5 小时以上的日照时间。冬季太阳高度角低，照进建筑室内深度较深，该朝向室内日照面积也大。而北偏东或北偏西 45°朝向，冬至日室内无日照。东、西朝向室内日照时间较短，日照面积较小。

2. 朝向与避风

通常满足日照需求的朝向可能会不利于通风或避风。

① 在寒冷气候 A 区，由于北窗易受冬季寒风侵袭，西窗在夏季会有过多的太阳辐射进入室内，墙面、窗户采用东向和南向的朝向比较适宜。

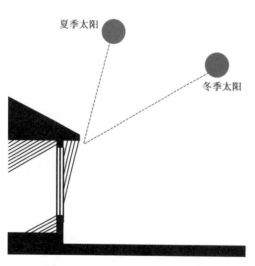

夏季太阳

冬季太阳

图 5-69　屋顶挑檐夏冬两季遮挡图示

② 冬季，矩形建筑采用南北朝向要比东西朝向更有利于太阳辐射得热。如图 5-69 所示，建筑朝向适宜，同时根据太阳高度角科学地设计南向窗户和屋顶挑檐，不仅冬季可以很好地收集太阳热，而且夏季可以很好地遮阳和避免过多热量进入室内。

③ 寒冷气候 A 区，可将书房等布置在东南向，上午接收日照、下午和晚上散热；卧室等休息类房间布置在西南向，可以在下午接收较多的阳

光，在晚上仍保持较舒适的温度。

④ 城市高密度地区建筑遮蔽现象较严重，全部遮蔽时，朝向节能作用不明显；只半遮蔽时，可以在没被遮挡部分进行太阳能利用、自然通风或避风等节能设计。

综上，理想的朝向是可以减少室内采暖或制冷的能耗量，寒冷气候 A 区建筑应尽量布置为南北向或偏东、偏西不超过 30°的朝向，尽量避免东西朝向。

5.7 建筑单体节能设计

历史的证据表明，早期的建筑师和营造师已经知道如何让建筑与气候相协调，而且现在有了更多的技术，这有助于优化设计。建筑节能设计是"在满足合理的舒适要求前提下，通过技术减少建筑能耗，提高能源的使用效率，满足建筑节能的要求"。

寒冷气候条件下城市高密度地区遵循生物气候的节能设计方法，总体上采取"被动[1]优先，主动[2]优化"的节能设计原则，对太阳辐射、风向等外部环境要素进行研究，考虑它们对建筑单体的形态、体形、朝向、间距等的影响，对建筑内部空间、外围护结构、色彩、材料等进行节能化设计，并且按照国家出台的节能设计标准设计建造，使建筑在使用过程中能显著降低能耗。

5.7.1 建筑形态与体形的节能设计策略

1. 以生态节能为目标导向的建筑形态

（1）有利于采光和日照的建筑形态

利用自然采光的建筑理想体形是狭长伸展的，这种形态的建筑面积靠近外墙。

---

[1]"被动式节能"是以非机械电气设备干预手段实现建筑能耗降低的节能技术，具体指在建筑规划设计中通过对建筑朝向的合理布置、遮阳的设置、建筑外围护结构的保温隔热技术的应用、有利于自然通风的建筑开口的设计等实现建筑需要的采暖、空调、通风等方面能耗的降低。

[2]"主动式节能"是通过机电设备干预手段为建筑提供采暖、空调、通风等舒适环境控制的建筑设备工程技术，即以优化设备系统设计和选用高效设备来实现节能。

如图 5-70 所示，在满足采光要求的同时减少土地占有量。另外减少建筑群组之间、邻近建筑、街道等的遮挡，减少对区域公共空间太阳光利用率的影响，保证场地及其周边区域能够获得充足的太阳光照射，减少遮挡对太阳辐射得热的影响，从而达到降低采暖能耗的目的。

仅考虑冬季得热最多的情况，应尽量增大建筑长宽比，即增加南向得热面积且减小进深。通常，朝向的变化会引起太阳辐射量变化：长宽比为 5 : 1 的建筑正南向布置（0°），其墙面的总辐射得热量为方形（长宽比 1 : 1）建筑的 1.87 倍；当朝向偏离正南向 45°时，辐射得热量的倍数下降到 1.56；当朝向偏离正南向 67.5°时，体形长宽比对得热影响微乎其微；当东西向布置时，正方形建筑比长方形建筑得热多一些。建筑的最佳节能形态取决于各向外围护结构传热特性的比例关系，例如，当建筑各向传热系数相等时，正立方体是最佳节能形态。"在采暖地区加大建筑进深，例如从 8 m 增至 14 m，建筑耗热指标降低 11%~33%，因此，将南向住宅建筑进深确定为 12~14 m，比较适于 1000~8000 m² 建筑的节能"[1]。

（2）有利于避风的建筑形态

建筑的三维形态及其尺寸影响着其周围的风环境。基于生态节能目的，应设计有利于减小风压、减小风速和减少热损耗的建筑形态。不同形态的建筑会形成不同的风环境（图 5-71）：①条式建筑背风面边缘会形成涡流，建筑物越高越长越窄，涡流区域越大，越有利于减小风速、减小风压；②多朝向拐角型建筑形态（在图 5-71（c）（d）（e）（f）情况下）有利于防风；③全封闭建筑的开口设计应回避冬季主导风向；

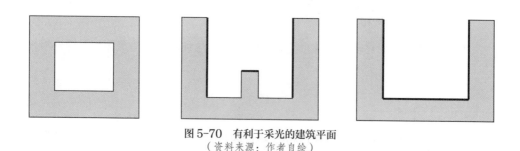

图 5-70　有利于采光的建筑平面
（资料来源：作者自绘）

---

[1] 李海英，白玉星，高建岭，等 . 生态建筑节能技术及案例分析 [M]. 北京：中国电力出版社，2007: 65.

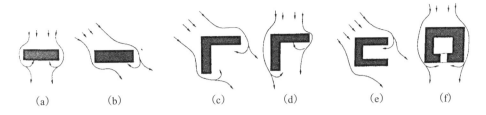

图 5-71 不同形态建筑周围风环境分析

④将建筑物的外墙转角设计成圆角有利于消除风涡流；⑤采用粗糙表面的屋顶面可以将寒流、冷风分解为无数小涡流，减小风速并且得到更多太阳辐射。

（3）有利于保温的建筑形态

寒冷气候条件下，建筑物墙面的保温能力是建筑节能的重要保证。墙的厚度通常与当地最冷时节的平均气温正相关。另外，寒冷气候区建筑的屋顶、外墙、开口部位等也需要保温处理设计。由于冷空气下降、热空气上升，引起空气流动，一般建筑顶棚压得较低。从热工的角度讲，窗户是外围护结构中保温的薄弱环节，视野要求通常会让位于保温要求。另外可以利用地形和树木来抵御冬季冷风侵袭。

2. 以生态节能为目标导向的建筑体形

（1）建筑体形节能设计

建筑物的体形不仅反映出其内部的空间组合，还是影响建筑节能效果的重要因素。建筑物的体形设计应适应不同地域气候条件，将室内外的热量传递减少到最低。热交换取决于建筑物的外表面积大小。

在寒冷气候区，建筑物及其组合宜采用紧凑的体形、缩小体形系数[1]，以减少热损失。其中，3 层或 3 层以下的居住建筑的体形系数应不大于 0.55，4~6 层的居住建筑的体形系数应不大于 0.35，7~9 层的居住建筑应不大于 0.30，而 10 层以上的居住建筑的体形系数应不大于 0.26；公共建筑应按相应的标准进行外围护结构热工性能的权衡，通常情况下，体形系数应不大于 0.40。例如德国柏林的马尔占高能效低能耗公寓大楼（图 5-72），设计、研究人员为其设计了 6 种生态节能体形方案，经优化，

---

[1] 体形系数是建筑物与室外大气接触的外表面积与其所包围的体积的比值（S/V），单位为 1/m。

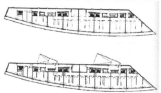

图 5-72　德国柏林的马尔占高能效低能耗公寓大楼

最终得到第 7 种方案[1]并实施：缩短扇形体形北向、拉长南向，调整东西两向以达到"最佳状态"，顺应基地条件并使所有的单元都有阳面。

（2）避免高层建筑体形产生涡流

高层建筑因高度特征会产生强烈的下降冷风气流，给近地面造成负面影响，寒冷气候条件下对地面步行者的影响甚为严重。图 5-73 所示为高层建筑周围三种不同的空气扰动效应：图 5-73（a）所示的是下降气流的涡旋效应，是由建筑物顶部速度较快的风产生了更高的气压而产生的，由于风压作用，风沿着建筑物的迎风面向下螺旋运动，到达地面时的风速可以达到低矮建筑物临街风速的 4 倍；图 5-73（b）所示的是转角效应，由风环绕建筑物引起风速增大而形成，建筑物高度越高、宽度越宽，转角效应越明显；5-73（c）所示的是涡流效应，当风沿建筑物背风面下降运动时，引起不规则螺旋向上的气流，其强度与高层建筑物和其周围环境间的高度差成正比。

在寒冷气候城市高密度地区，建筑设计必须考虑冬季冷风和强风对高层建筑体形产生的负效应，可采取以下措施改善小气候，提升人体舒适度，节约能源：①使高层建筑物较狭窄面朝向冬季主导风风向或与主导风风向呈对角关系，改变气流在建筑物周围的流动方式。凸起和圆形表面可以有效地控制沿建筑物表面上下运动的强烈气流，如德国法兰克福德意志商业银行采用流线型的曲形外表面设计（图 5-74）。②为高层建筑设计裙房可以减少气流在迎风面底层对行人的影响，如图 5-75（a）所示，

---

[1] 研究人员制作了 6 个分别为 6 层高、总建筑面积 600 m² 的建筑拓扑形式，平面图分别是正方形、长方形、圆形、半圆形、弧形和扇形，计算和比较每种体形所要求的年耗能量，最后结果表明，前 5 种样式中的圆形建筑在冬季所需的能量最低，而第 6 种方案的扇形在比例控制得当的情况下，也可以达到相同的效果。

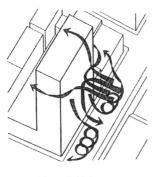
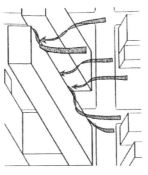
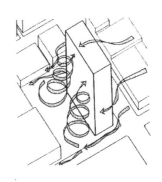

(a) 涡旋效应   (b) 转角效应   (c) 涡流效应

图 5-73   高层建筑周围风环境

图 5-74   德国法兰克福德意志商业银行

将高层建筑物的主体建在 1~3 层裙楼上，强风会受限；在裙房上方、高层建筑底部设置可供气流穿越的开口，如图 5-75（b）所示，可以更加有效地减少各种效应影响；如果因场地要求无法设置裙房，则可在高层建筑底部一、二层设置出挑平台，且平台上有通风洞也可起到减少各种效应影响的作用，如图 5-75（c）所示。③为减轻高层建筑物外表面风流的压力，可以在建筑物的迎风面适当部位设置"开放空间"[1]或"通透空间"[2]以释放强劲气流。

---

[1] 常用于室外风流比较突出的环境之中，如海边、开阔地及超高层之中，开放空间可以有效地疏导或释放较大的室外风流，减轻建筑表面的风速压力。
[2] 在建筑物的每层，设均匀或不均匀的开敞空间的处理方法，常被应用在居住建筑，是在建筑平面具备良好的通风走向条件下，立面所采取的通透方法。

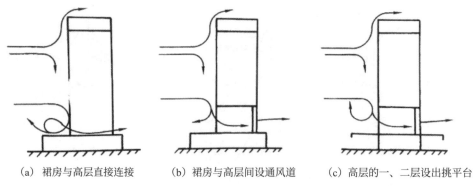

(a) 裙房与高层直接连接　　(b) 裙房与高层间设通风道　　(c) 高层的一、二层设出挑平台

图 5-75　利用高层裙房和出挑平台的防风设计

（3）避免过大的体量

通常情况下，过于庞大的体形限制了自然采光、新鲜空气及对外视野，从而增加了室内照明能耗和空调能耗。

韩国学者 Leigh S.-B. 以清华大学建筑能源研究中心对中国建筑所做的一项研究为基础，编制的大型建筑的能源消耗比例图（图 5-76），揭示了能源消耗与建筑尺度之间的相关性，当建筑规模扩大时，每一种因素的能源消耗也会增加[1]。

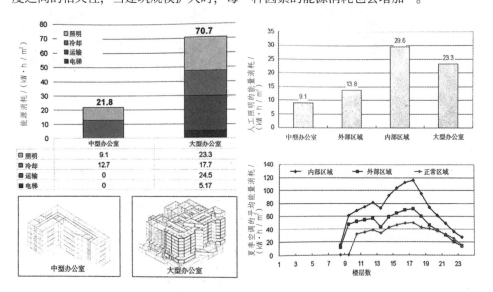

图 5-76　大型建筑的能源消耗比例图

---

[1] 清华大学建筑能源研究中心，2007 年。

5.7.2 建筑空间的气候节能设计策略

建筑的功能决定其空间的布置、形式、大小和组合。针对寒冷气候条件，建筑空间布置主要考虑以下几个方面。

1. 适应气候的节能化功能分区

在寒冷气候条件下，利用太阳辐射的方位和能量组织布置建筑内部空间，根据日照冷暖特性来布置建筑内部功能空间，并针对热环境需求耦合建筑功能分区和空间温度分区，图 5-77 为冬、夏两季太阳运行及建筑热特性分布。图 5-78 为住宅设计的日照热特性分布。例如，在住宅建筑中，卧室和起居室对热舒适度要求较高，所以将其布置在可以接收更多太阳辐射的方向和位置，并且减少北面墙体的开窗数量和开窗面积，这样可以减少热损失、保持室内热稳定。而公共建筑，比如中小学，则将教室布置在常年温暖的朝向，体育馆布置在凉爽的朝向，如图 5-79 为学校设计的日照热特性分布。

2. 太阳房和产热空间的有效利用

太阳房是直接利用太阳辐射采暖的房子或房间，其原理是集成透光材料、储能材料、高效隔热材料等，使房屋成为一个可以尽可能多地吸收、储存太阳辐射热的集热器，为房屋采暖。除此之外，太阳房还具有发电、降温、去湿、通风、换气等节能环保效能。太阳房可以降低 75%~90% 的能耗。被动式太阳房是最简便的太阳房，也容易建造，不需要特殊的动力设备，可分为四种：①直接受益式（图 5-80）；②集热蓄热墙式（图 5-81）；③附加阳光间式（图 5-82）；④屋顶池式（被动式太阳房）。其中，屋顶池式适用于冬暖夏热地区。另外还有较为复杂的主动式太阳房、更为高级的空调制冷式太阳房和零耗房屋。欧洲在太阳房的技术和应用方面均发展相对成熟，尤其是在透明隔热材料、窗技术、玻璃涂层等方面。在亚洲，日本已将太阳房技术推广并应用于上万套建筑，如节能医院、节能办公室、节能幼儿园；我国也在推广太阳能的综合利用技术，使建筑物节能环保不再完全依赖于传统能源。

另外，人员和设备的密集造成许多建筑中心区域产生大量热量，餐厅、厨房和设备间也产热，可以为建筑采暖提供帮助。例如英格兰的一些新型住宅将房间布置在中心壁炉周围，因此，产热空间可以尽量布置在中心区以便邻近房间分享其剩余热量。

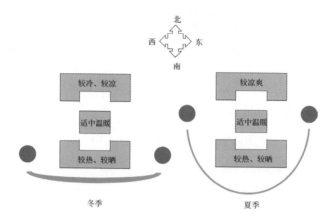

图5-77　冬、夏两季太阳运行及建筑热特性分布
（资料来源：作者根据资料绘制）

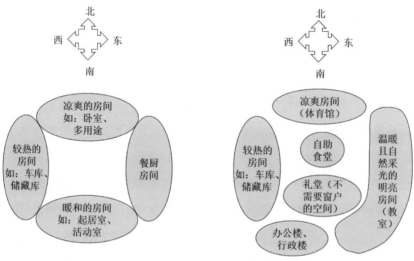

图5-78　住宅设计的日照热特性分布
（资料来源：作者根据资料绘制）

图5-79　学校设计的日照热特性分布
（资料来源：作者根据资料绘制）

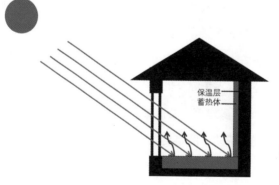

图5-80　直接受益式
（资料来源：作者自绘）

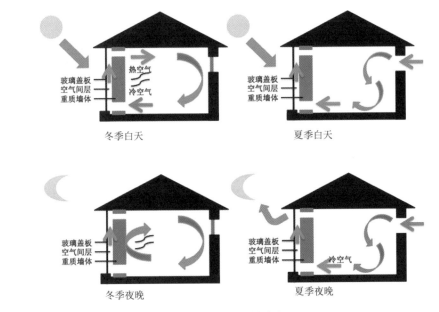

图 5-81　集热蓄热墙式

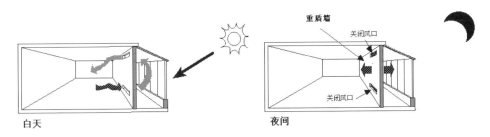

图 5-82　附加阳光间式

3.大进深建筑的日照和采光

大进深建筑需要有效地组织平面和剖面以解决日照、采光问题。交错布置房间可以帮助多个房间获取更多的阳光，通过南、北向房间的连接空间或走廊储存热能，使北面无日照的房间可以和有日照的南向房间进行对流传热；当建筑必须南北向布置时，则在剖面上进行阶梯状布置，由南向北逐渐增高或将高大房间布置在中间，以使北向房间获取更多的热量。另外，坡屋顶和天窗可以把房子顶部的阳光引进房间，线性建筑物太阳能采暖的平、剖面组织示意如图 5-83 所示。

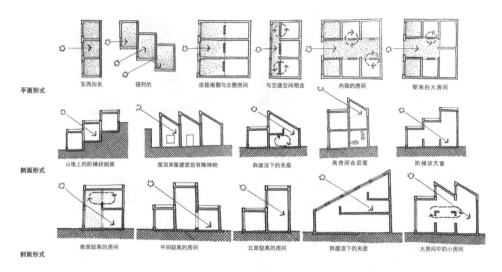

| 平面形式 | 东西向长 | 错列的 | 连接南侧与北侧房间 | 与交通空间相连 | 内部的房间 | 朝南的大房间 |

| 剖面形式 | 山地上的阶梯状剖面 | 屋顶采暖建筑前有障碍物 | 斜屋顶下的夹层 | 高房间在后面 | 阶梯状天窗 |

| 剖面形式 | 南面较高的房间 | 中间较高的房间 | 北面较高的房间 | 斜屋顶下的夹层 | 大房间中的小房间 |

图5-83 线性建筑物太阳能采暖的平、剖面组织示意

4.受自然采光要求影响的建筑空间处理

不论是自然光采光、人工照明，抑或是两者混合，光线过于强烈或不足不仅造成人体不舒适，还会引起额外遮光和照明等不节能问题。从生物学角度讲，人类本能上喜爱自然采光多于人工采光。自然采光也是建筑节能的重要手段：①自然光线从窗户照进建筑室内，照度从近窗区域往室内逐步递减，如图5-84（a）所示，影响建筑空间功能划分；②利用建筑开窗和中庭等设计把阳光直接引入室内，如图5-84（b）所示；③在不宜使用直射光的前提下，可利用反射的方法进行反射光采光，如图5-84（c）所示，或者安装屋顶集光设备和反光顶棚引入自然光（图5-85）。

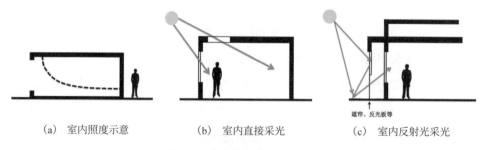

（a）室内照度示意　　　　（b）室内直接采光　　　　（c）室内反射光采光

遮帘、反光板等

图5-84 室内自然采光与空间处理
（资料来源：根据资料绘制）

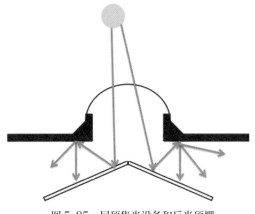

图 5-85　屋顶集光设备和反光顶棚
（资料来源：根据资料绘制）

5.7.3　外围护结构节能设计策略

寒冷气候区的整个冬季，甚至初春和秋末，建筑内部空间与室外环境的温差非常大，房间需要持续采暖，减少建筑物内部热损失是重中之重，也意味着建筑的墙体、屋顶和窗户等外围护结构或构件需要使用隔热良好的材料。

1. 外墙

建筑外墙是建筑内、外空间之间的基本介质，它对建筑能耗的影响主要体现在：冬季保温以减少热损失，进而减少采暖能耗；夏季阻隔来自外空间的高温空气，以减少由此所造成的制冷空调能量消耗。而这些能耗取决于不透明构件与透明构件隔热和热质影响结合状况。外围护结构的保温性能，用热阻和热稳定性来衡量。在寒冷气候条件下，保温措施有增加墙厚、利用保温性能好的材料和设置封闭的空气间层等。

透明构件（如玻璃窗）为建筑内部空间提供了与外部环境的主要环境连接，即玻璃窗允许太阳热能进入室内和自然采光。在寒冷气候条件下城市高密度地区，利用窗户吸收热是高层住宅建筑增高室温的重要途径，不但能够减少采暖能耗，还减少人工照明对能源的消耗，当然，在夏季，需要适当的遮阳措施，以减少室内过热导致的空调能耗。对于高密度地区的办公建筑和公共建筑，其使用时间绝大多数是白天，且使用功能决定了它们并不需要过多的采暖，但夏季隔热是十分必要的措施，因此要限制窗户面积，在玻璃上增设反光涂层，以控制热吸收，从而降低空调制冷的能耗。

2. 屋顶

屋顶是建筑物最上部起承重[1]和围护[2]作用的覆盖构件。与墙体节能原理相同，改善屋面的热工性能阻止热量的传递是屋顶节能的本质[3]。屋顶节能形式有四种。

① 传统外保温屋面，即在楼板上设置保温材料，防水层放置在保温层之上，使屋面楼板不至于承受过大的温度应力，有效避免屋顶构造层内部的冷凝和冻结。

② 倒置式屋面，防水层设置在保温层之下，因此保温层的材料必须具有憎水性。这样倒置的好处是简化了构造[4]，并保护防水层免受热应力、紫外线等破坏。

③ 阁楼屋面，冬季闭孔保温，夏季开孔透气排湿，非常适合寒冷气候 A 区。

④ 种植屋面，屋面上种植植物，在夏季可以阻隔太阳辐射热和遮阳，防止房间过热；在冬季可以抵御寒风侵袭；植物还可以固碳放氧来净化空气。

3. 门和窗

建筑外门窗不仅是高能耗构件，也是重要的得热构件。针对寒冷气候 A 区气候条件，门、窗的节能措施有以下几种。

① 外门采用高效保温材料（聚苯板、玻璃棉等）。

② 窗墙面积比[5]要兼顾保温和太阳辐射得热。表 5-22 所示为寒冷地区居住建筑不同朝向的窗墙面积比限值。当窗墙面积比大于表中数值时，必须按照《严寒和寒冷地区居住建筑节能设计标准》中围护结构热工性能参数限值进行权衡判断。表 5-23 所示为Ⅱ A 气候区围护结构热工性能参数限值。

表 5-22　寒冷地区居住建筑不同朝向的窗墙面积比限值

朝向	北	东、西	南
窗墙面积比	0.30	0.35	0.50

注：（1）敞开式阳台的阳台门上部透明部分应计入窗户面积，下部不透明部分不应计入窗户面积。（2）表中的窗墙面积比应按开间计算，表中"北"代表从北偏东小于 60°至北偏西小于 60°的范围；"东、西"代表从东或西偏北小于或等于 30°至偏南小于 60°的范围；"南"代表从南偏东小于或等于 30°至偏西小于或等于 30°的范围。

资料来源：《严寒和寒冷地区居住建筑节能设计标准》（JGJ 26—2018）。

---

[1] 作为承重构件，承受自重、风、雪、雨以及屋面检修时各种人和物的垂直向荷载，还对房屋上部墙体起水平支撑作用。
[2] 作为外围护构件，抵御风、霜、雨、雪等和阻挡自然环境变化对室内空间热环境造成不利影响。
[3] 屋面保温、隔热及防水应符合《屋面工程技术规范》（GB 50345—2012）的规定。
[4] 不需要设置屋面排气系统。
[5] 窗的面积大小将直接影响室内采暖和制冷能耗的高低。

表 5-23　Ⅱ A 气候区围护结构热工性能参数限值

围护结构部位		传热系数 K / [W/ (m².K)]	
		≤ 3 层	≥ 4 层
屋面		0.25	0.25
外墙		0.35	0.45
架空或外挑楼板		0.35	0.45
外窗	窗墙面积比≤ 0.30	1.8	2.2
	0.30< 窗墙面积比≤ 0.50	1.5	2.0
屋面天窗		1.8	
围护结构部位		保温材料层热阻 R/ (m²·K/ W)	
周边地面		1.60	1.60
地下室外墙（与土壤接触的外墙）		1.80	1.80

资料来源:《严寒和寒冷地区居住建筑节能设计标准》（JGJ 26—2018）。

③ 根据门窗和幕墙的位置选择节能玻璃品种，寒冷地区应选择具有控制热传导属性的双层玻璃、中空玻璃、保温型 Low-E 玻璃等，并且了解各种玻璃的组合以达到更好的性能。表 5-24 所示是中空玻璃的组合配片方式及功能。表 5-25 所示是不同类型玻璃的性能参数。清华大学超低能耗节能楼幕墙和外窗，采用了国内外高性能的保温玻璃（表 5-26），同时采用了低热导率的窗框型材和玻璃暖边技术，使门窗边部的表面温度有所提高。

表 5-24　中空玻璃的组合配片方式及功能

玻璃品种	外层玻璃	内层玻璃	功能
普通平板玻璃	可以	可以	保温、隔声、防结露
钢化玻璃	可以	可以	保温、隔声、防结露、高强、安全
夹层玻璃	可以	可以	保温、隔声、防结露、安全
吸热玻璃	可以	不可以	保温、隔声、防结露、吸收太阳能、装饰
热反射玻璃	可以	不可以	保温、隔声、防结露、吸收太阳能、装饰
低辐射玻璃	不可以	可以	保温、隔声、防结露

资料来源：马眷荣，等 . 建筑玻璃 [M]. 2 版 . 北京：化学工业出版社，2006.

表 5-25　不同类型玻璃的性能参数

玻璃类型	可见光透过率 / (%)	太阳能透过率 / (%)	传热系数 K/ [W/(m²·K)]	太阳能得热系数 SHGC	遮阳系数 SC
6 mm 普玻	89.1	78.4	5.73	0.82	0.95
6+12A+6 中空	79.8	44	3.99	0.56	0.64
3+0.1+3 真空	74	62	2.92	0.58	0.67
6（Low-E 低透膜）+9A+6	51	33	2.1	0.43	0.49
6（Low-E 高透膜）+9A+6	58	38	2.4	0.49	0.56
6+6A+PET+6A+6	60	35	0.7	0.40	0.46

资料来源：李海英，白玉星，高建岭，等 . 生态建筑节能技术及案例分析 [M]. 北京：中国电力出版社，2007.

表 5-26　清华大学节能楼使用的高性能保温玻璃

玻璃名称	玻璃组成	K/ [W/(m²·K)]	SHGC	使用位置
高性能真空玻璃	T5+6A+4Low-E+V+K4+6A+T5	0.93	0.48	南立面幕墙 西立面幕墙
双 Low-E 双中空玻璃 1	4Low-E+9Ar+K5+9Ar+4Low-E	1.04	0.52	东立面双层幕墙
双 Low-E 双中空玻璃 2	4Low-E+9.5Ar+K5+9.5Ar+4Low-E	1.02	0.53	东立面单层幕墙北立面外窗

资料来源：薛志峰，等 . 超低能耗建筑技术及应用 [M]. 北京：中国建筑工业出版社，2005.

④ 优先选用导热系数小或绝热的窗框材料。表 5-27 为不同窗框材料的导热系数。常见的有木窗、铝窗和 PVC 塑钢窗，以及这三种的组合，如铝木复合、铝塑复合。现阶段工程中铝合金和 PVC 塑钢窗使用较为广泛。普通铝合金窗 K 值一般是 2.5~2.6，用普通的中空玻璃配合 PVC 塑钢窗基本能达到 K 值 2.8。

⑤ 保证良好的门、窗气密性。

表 5-27　不同窗框材料的导热系数

窗框材料	导热系数 / [W/(m·K)]
玻璃	0.76
钢材	58.2
铝合金	20.3
PVC	0.16
松木	0.17

资料来源：李海英，白玉星，高建岭，等 . 生态建筑节能技术及案例分析 [M]. 北京：中国电力出版社，2007.

4. 外围护结构的色彩节能效用

（1）外围护结构色彩的节能潜力

根据太阳辐射对城市色彩的物理学影响，利用光和热影响下的色彩效应进行建筑保温隔热是实行色彩节能的主要措施。而寒冷气候 A 区既需要冬季采暖又需要夏季适当降温，色彩的吸收率和反射率在降低采暖负荷和制冷负荷上有着恰好相反的功用，因此建筑外表面的色彩选择要考虑到地域性收益的差别。可以选择东、西墙用反射率高的浅色，南北向墙用吸收率略大的深色（但要注意色彩的搭配协调与美观，避免色彩污染）。这样东西向冬季对太阳辐射的吸收效果十分微小，并在夏季反射太阳辐射，降低午后"西晒"带来的室内高温；南北向则在冬季尽可能多地吸收太阳辐射热增加室温，夏季南向太阳辐射热并不是十分"毒"，可以通过增加窗外遮阳设施等减少对太阳辐射的吸收。

（2）外墙、屋顶色彩结合蓄热墙体

基于色彩的光热物理性能，寒冷气候区建筑外围护结构，对于特定采暖建筑可以采取色彩与蓄热墙体结合的方式，在冬季为建筑储存更多的热能，以减少采暖能耗。例如建筑外墙和屋顶可以结合特朗勃墙、水墙、呼吸式太阳能集热墙以及相变储能墙板等蓄热墙体或蓄热材料。

（3）遮阳设施色彩的节能效用

Ⅱ A 气候区在夏季存在炎热甚至是短暂酷暑的情况，建筑遮阳可以有效地减少建筑制冷能耗，其位置的设置及颜色的选取可以在一定程度上影响建筑能耗：遮阳设施设置在窗户外部比设置在窗户内部更加有效，外部遮阳最多可以有效地减少 90% 的太阳辐射，且颜色越深，阻挡太阳辐射效果越好；反之，当遮阳设施不得不设置在窗内时，其颜色越浅功效越好；深色遮阳设施发出的长波辐射可以被窗户玻璃有效拦截。因此深色外部遮阳设施的遮阳效率需要在窗户关闭的条件下才能显现，当开窗通风时遮阳设施的效果会大打折扣。

（4）建立城市色彩节能评价体系，进行参数化设计

建立城市色彩节能评价体系的思路，如图 5-86 所示：①利用光谱识别和监督分类相结合的方法，提取城市建筑色彩（包括屋顶色彩）海量数据；②以《中国颜色体

系》（GB/T 15608—2006）为基础，使用《中国建筑色卡》调研并记录遥感监测地区的建筑色彩，运用其配置的电子软件、Origin 科技绘图软件、Excel 和 Photoshop 等处理所得色彩数据；③运用 TM 热红外数据进行地表真实温度的反演计算，揭示研究

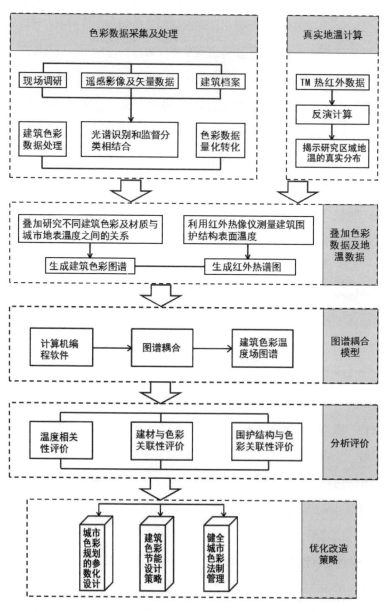

图 5-86 建立城市色彩节能评价体系的思路
（资料来源：作者自绘）

区域地温的真实分布；④进一步量化并进行色彩数据转换，将色彩的色相、明度、纯度 3 个参数转换成标号和单一数值，叠加研究不同建筑色彩及材质与城市地表温度之间的关系，生成此地建筑色彩图谱；⑤利用红外热像仪测量建筑围护结构表面温度，生成红外热谱图；⑥运用计算机编程软件将两图谱耦合得出建筑色彩温度场图谱，对室外热环境进行评价，进而为此地提供色彩节能改造方案，为标准规范提供量化参考。

5. 外围护结构未来的发展趋势

建筑物外围护结构未来的设计趋势是能够增强对光、能量和气流、噪声的控制，从而具有采光、通风、保温隔热与隔声等多种功能，例如使用更优化的、更新的材料，设计出具有更多功能和更多样化特性的建筑外围护结构，不仅使太阳能吸收、通风、采光、遮阳设计一体化，还可以实现能量回收。图 5-87 所示是能够将能量回收的立面墙体的示意图。

另外，未来建筑外围护结构可以进一步进行节能设计并向可遥控智能化方向发展，从而最大限度地节约能源。如可以实现热储存的日光墙、可以供暖的屋顶、智能化可"微调"的节能玻璃[1]，以及可根据外界的温度自动调节色彩等性状来改变其热工性能的砖墙、玻璃幕墙等，可以适应不断变化的环境：在寒冷季节促使更多阳光照入室内，减少采暖耗能；在炎热的夏季遮挡阳光以减少空调及电力的能耗。

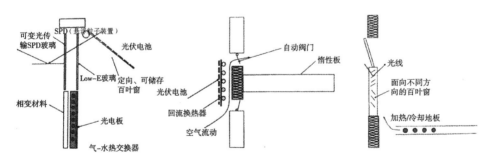

（a）主动板突缘
通过光伏电池回收能量的绝缘板突缘和适应性相变材料做成的惰性板的联合。阀门可以根据季节控制热空气的进入

（b）立面板的构造系统
结构体系提供能量回收和控制系统

图 5-87　能够将能量回收的立面墙体的示意图

---

[1] 理想化的玻璃是具有可调节遮阳性能的，即智能变光玻璃。随着智能化材料的发展，热致变色玻璃、光致变色玻璃、电致变色玻璃、液晶调光玻璃等应用新技术、新工艺的调光玻璃材料会不断涌现。

5.7.4 建筑设备节能策略

1. 供热和空调系统

即使在建筑设计中综合考虑了被动式节能措施，人工供暖和空调系统也是有必要的，因此，应当选择可以通过可再生能源或特殊的供应系统驱动的更高效、更节能的集中智能控制系统。

此外，需要延伸发展原先只是用于综合的商业性建筑的智能计量和控制系统以用于住宅公寓建筑。一座大型公寓楼的智能计量和控制系统的结合可以提高性能，并且智能控制还可以广泛地应用于可再生能源系统。由于可再生能源系统的产出变数大，所以能量储存对节能效用十分重要。使用智能控制能够比较好地把需求和供应配合起来，在可能的情况下，预测和改变需求模式。这种系统有必要处于个别系统使用者控制之外，以便获得最好的性能。

2. 智能通风系统

高性能的保温隔热建筑是可以智能控制调节的。在寒冷气候地区，虽然室内热量流失的主要路径是通风，但是随着房间保温隔热性能的不断增强，适当的通风对于维持室内的舒适、卫生和保证建筑使用者的健康很有必要，因此，在保证采暖能耗不增加的同时，进行通风更加重要，需要在高性能保温隔热建筑中安装热交换系统，把即将流出房间的热量提取出来，以此来预热进入房间的空气。

5.8 节能软实力非工程策略

本节主要讨论寒冷气候城市高密度地区生态节能行为。

5.8.1 创建城市各节能领域联席会议

城市在产业、交通、建筑、能源等领域都有不同的低碳生态节能策略，但是因为各部门在节能协调方面还存在一定程度的行政分割，且城市是一个复杂的巨系统，其节能的方方面面需要一体化统筹规划管理，所以，城市节能需要综合考虑各个领域，从城市层面全局分析可操作性，制定节能目标。

城市低碳节能组织管理机构是一个高度精简且以城市综合节能为目的的最高决策组织管理机构，由主管副市长领导、城市各节能领域主管责任管理人员和各节能官方及非官方组织组成，并且与城市气候学家、城市规划师紧密合作。各节能领域相关协作部门按年度轮流担任牵头单位，定期召开城市低碳节能联席会议，在宏观层面整合城市节能潜力，整合城市生态、低碳、节能资源，防止城市各领域的重复工作与矛盾，提高城市综合节能的经济、社会和生态效益，发挥城市节能领域的多部门协调作用。城市高密度地区生态节能设计各部门政策策略及路径作用效果协调流程图如 5-88 所示。并且对相关建设节能政策、法规和标准的执行进行监督，建立城市节能监测和奖惩机制，加强相关能耗活动的监控、检测，对城市节能效果、目标达成情况开展定期且定量的监测和动态评估。

图 5-88　城市高密度地区生态节能设计各部门政策策略及路径作用效果协调流程
（资料来源：作者自绘）

5.8.2　完善城市节能政策和法规

1. 完善城市各领域节能标准

由于人类活动的负面影响，国际社会针对气候变化制定了重要计划（表 5-28）。我国也作出了有关节能减排的承诺并制定了计划（表 5-29）。

城市节能必须统筹协调、分空间分层次各领域综合节能，建筑领域的"国家政策、法律、法规、规范"空间层次如图 5-89 所示。因此，提倡整个城市各个领域制定节能目标、节能标准、政策性文件及法规等，为进一步增强我国应对气候变化的能力、发展低碳经济、促进城市节能，提供规划发展政策保障，同时进一步完善了相关体制和机构建设。

表 5-28　国际社会针对气候变化所制定重要计划概览

时间	名称	内容
1992	《联合国气候变化框架公约》（United Nations Framework Convention on Climate Change, UNFCCC）	"将大气中温室气体浓度稳定在防止气候系统受到危险的人为干扰的水平上"，该公约的后续从属议定书规定了强制排放限值
1997	《京都议定书》（Kyoto Protocol）	《联合国气候变化框架公约》的补充条款，也是该公约下第一个具有法律约束力的协定。制定了 2008 年至 2020 年发达国家的温室气体减排目标，设计了国际排放贸易机制、联合履约机制和清洁发展机制三种有关温室气体减排的灵活合作机制
2007	"巴厘路线图"（Bali Roadmap）	强调了国际合作，确定了世界各国今后加强落实《联合国气候变化框架公约》的具体领域
2009	《哥本哈根协议》（Copenhagen Accord）	提出不同国家二氧化碳的排放量及减排目标
2015	《巴黎协定》（The Paris Agreement）	史上第一份覆盖近 200 个国家和地区的全球减排协定，是《联合国气候变化框架公约》下继《京都议定书》后第二个具有法律约束力的协定，明确提出长期目标：将全球温升幅度控制在 2 ℃范围内，为 1.5 ℃目标而努力，同时在本世纪下半叶实现净零排放；为工业化国家制定了整体的减排目标，并通过分解产生每个国家的具体量化任务
2021	《格拉斯哥气候公约》（Glasgow Climate Pact）	要求各国"加紧努力"，逐步减少"有增无减的煤电"，即不使用技术控制二氧化碳排放的发电厂。它还呼吁结束"低效"的化石燃料补贴，但没有具体说明取消这类补贴的时间表

资料来源：① United Nations framework convention on climate change[EB/OL].http://unfeee.int/ resouree/does/eonvkP/eon-veng.pdf.
② 京都议定书文件 [EB/OL]. https://www.climate-change-guide.com/kyoto-protocol.html.
③ 巴黎路线图文件 [EB/OL]. https://unfccc.int/process/conferences/pastconferences/bali-climate-change-conference-december-2007/statements-and-resources/Bali-Road-Map-Documents.
④ 哥本哈根协议文件 [EB/OL].http: z/finanee.sina. com.cn/j/20091220/08217128048.shtnll.
⑤ 巴黎协定文件 [EB/OL]. http://unfccc.int/process-and-meetings/the-paris-agreement/the-paris-agreement.
⑥ 格拉斯哥气候公约文件 [EB/OL]. https://unfccc.int/conference/glasgow-climate-change-conference-october-november-2021.

表 5-29　2000 年以来中国在节能减排方面作出的重要承诺和制定的计划

时间	名称	内容
2002	《中华人民共和国清洁能源生产促进法》	推行和实施清洁生产，鼓励开发清洁生产技术
2003	《排污费征收使用管理条例》	加强排污费征收和使用管理
2004	《能源中长期发展规划纲要（2004—2020）（草案）》	大力调整产业结构、产品结构、技术结构和企业组织结构，依靠技术创新、体制创新和管理创新，在全国形成有利于节约能源的生产模式和消费模式，发展节能型经济，建设节能型社会
2004	《节能中长期专项规划》	重点规划到 2010 年节能的目标和发展重点，并提出 2020 年的目标
2005	《关于做好建设节约型社会近期重点工作的通知》	从节能、节水、节材、节地、资源综合利用和发展循环经济几个方面提出了 2005 年和 2006 年建设节约型社会的重点工作，并提出了加快节约资源的体制机制和法制建设七个方面的措施

时间	名称	内容
2006	《关于加强节能工作的决定》	落实节约资源基本国策，调动社会各方面力量进一步加强节能工作，加快建设节约型社会，实现"十一五"规划纲要提出的节能目标，促进经济社会发展切实转入全面协调可持续发展的轨道
2007	《国务院批转节能减排统计监测及考核实施方案和办法的通知》	切实做好节能减排统计、监测和考核各项工作
2007	《可再生能源中长期发展规划》	加快可再生能源的发展，促进资源节约和环境保护，积极应对全球气候变化
2007	《中国应对气候变化国家方案》	坚持减缓与适应并重的原则，控制温室气体排放，加强气候变化的科学研究与技术开发
2009	联合国气候变化峰会上的中国领导人发言	基于"共同但有区别的责任"原则，"到2020年在2005年水平上消减碳密度40%~45%"。采取"碳密度标准路线"，即"通过尽量降低每单位经济产出的能耗（间接表示为碳排放）履行中国的全球气候责任"
2011	《"十二五"节能减排综合性工作方案》	主要目标：到2015年，全国万元国内生产总值能耗下降到0.869吨标准煤（按2005年价格计算），比2010年的1.034吨标准煤下降16%，比2005年的1.276吨标准煤下降32%；"十二五"期间，实现节约能源6.7亿吨标准煤
2014	《中美气候变化联合声明》	中美"两国各自2020年后应对气候变化行动""美国计划于2025年实现在2005年基础上减排26%~28%的全经济范围减排目标并将努力减排28%，中国计划2030年左右二氧化碳排放达到峰值且将努力早日达峰，并计划到2030年非化石能源占一次能源消费比重提高到20%左右"。声明中还提到中美双方应启动气候智慧型/低碳城市等倡议，以及在建筑能效、锅炉效率、太阳能和智能电网方面开展更多试验活动、可行性研究等项目
2015	《生态文明体制改革总体方案》	建立能源消费总量管理和节约制度。坚持节约优先，强化能耗强度控制，健全节能目标责任制和奖励制。进一步完善能源统计制度。健全重点用能单位节能管理制度，探索实行节能自愿承诺机制。完善节能标准体系，及时更新用能产品能效、高耗能行业能耗限额、建筑物能效等标准。合理确定全国能源消费总量目标，并分解落实到省级行政区和重点用能单位。健全节能低碳产品和技术装备推广机制，定期发布技术目录。强化节能评估审查和节能监察。加强对可再生能源发展的扶持，逐步取消对化石能源的普遍性补贴。逐步建立全国碳排放总量控制制度和分解落实机制，建立增加森林、草原、湿地、海洋碳汇的有效机制，加强应对气候变化国际合作
2015	第二次发表《中美元首气候变化联合声明》	中国到2030年单位国内生产总值二氧化碳排放将比2005年下降60%~65%，森林蓄积量比2005年增加45亿立方米左右；推动绿色电力调度，优先调用可再生能源发电和高能效、低排放的化石能源发电资源；计划于2017年启动全国碳排放交易体系；承诺将推动低碳建筑和低碳交通，到2020年城镇新建建筑中绿色建筑占比达到50%，大中城市公共交通占机动化出行比例达到30%；中国将于2016年制定完成下一阶段载重汽车整车燃油效率标准，并于2019年实施等
2015	《中法元首气候变化联合声明》	中法声明借鉴采用了中美声明相关表述，并在此基础上建立了每五年开展一次全球盘点以促进各方持续提高应对气候变化力度的机制，确保了《巴黎协定》实施的可持续性

时间	名称	内容
2016	《"十三五"节能减排综合工作方案》	主要目标：到2020年，全国万元国内生产总值能耗比2015年下降15%，能源消费总量控制在50亿吨标准煤以内。全国化学需氧量、氨氮、二氧化硫、氮氧化物排放总量分别控制在2001万吨、207万吨、1580万吨、1574万吨以内，比2015年分别下降10%、10%、15%和15%。全国挥发性有机物排放总量比2015年下降10%以上
2020	第七十五届联合国大会一般性辩论	二氧化碳排放力争于2030年前达到峰值，努力争取2060年前实现碳中和
2020	纪念《巴黎协定》达成五周年气候雄心峰会	到2030年，中国单位国内生产总值二氧化碳排放将比2005年下降65%以上，非化石能源占一次能源消费比重将达到25%左右，森林蓄积量将比2005年增加60亿立方米，风电、太阳能发电总装机容量将达到12亿千瓦以上
2021	《关于完整准确全面贯彻新发展理念做好碳达峰碳中和工作的意见》	主要目标：到2025年，绿色低碳循环发展的经济体系初步形成，重点行业能源利用效率大幅提升。单位国内生产总值能耗比2020年下降13.5%；单位国内生产总值二氧化碳排放比2020年下降18%；非化石能源消费比重达到20%左右；森林覆盖率达到24.1%，森林蓄积量达到180亿立方米，为实现碳达峰、碳中和奠定坚实基础。到2030年，经济社会发展全面绿色转型取得显著成效，重点耗能行业能源利用效率达到国际先进水平。单位国内生产总值二氧化碳排放比2005年下降65%以上。非化石能源消费比重达到25%左右，风电、太阳能发电总装机容量达到12亿千瓦以上。森林覆盖率达到25%左右，森林蓄积量达到190亿立方米，二氧化碳排放量达到峰值并实现稳中有降。到2060年，绿色低碳循环发展的经济体系和清洁低碳安全高效的能源体系全面建立，能源利用效率达到国际先进水平，非化石能源消费比重达到80%以上，碳中和目标顺利实现
2022	《"十四五"节能减排综合工作方案》	主要目标：到2025年，全国单位国内生产总值能源消耗比2020年下降13.5%，能源消费总量得到合理控制，化学需氧量、氨氮、氮氧化物、挥发性有机物排放总量比2020年分别下降8%、8%、10%以上、10%以上。节能减排政策机制更加健全，重点行业能源利用效率和主要污染物排放控制水平基本达到国际先进水平，经济社会发展绿色转型取得显著成效

资料来源：《中华人民共和国清洁能源生产促进法》《排污费征收使用管理条例》《能源中长期发展规划纲要（2004—2020）（草案）》《节能中长期专项规划》《关于做好建设节约型社会近期重点工作的通知》《关于加强节能工作的决定》《国务院批转节能减排统计监测及考核实施方案和办法的通知》《可再生能源中长期发展规划》《中国应对气候变化国家方案》《"十二五"节能减排综合性工作方案》《生态文明体制改革总体方案》《中美元首气候变化联合声明》《中法元首气候变化联合声明》《"十三五"节能减排综合工作方案》《关于完整准确全面贯彻新发展理念做好碳达峰碳中和工作的意见》《"十四五"节能减排综合工作方案》等。

2.完善城市各领域节能管理制度

① 城市节能的管控需要完善能源统计、计量、监测制度。制定和落实各节能领域的统计、计量制度，完善的制度能够推进各领域能源资源消耗的统计工作，增强其能源计量器具配备状况的监督检查和用能状况的检测，特别是对重点用能系统和用能设备的监测。

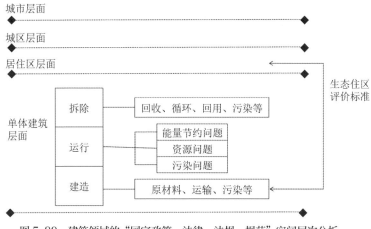

图 5-89 建筑领域的"国家政策、法律、法规、规范"空间层次分析

② 城市节能要立足于能源设计，采取审核备案制度，引入能源审计机构对各节能领域进行能源审计。审查年度节能目标、节能计划、能源资源消耗定额的执行情况，审查能源计量器具的运行情况，审核能源统计数据的真实性、准确性。

③ 根据《中华人民共和国节约能源法》《中华人民共和国国民经济和社会发展第十二个五年规划纲要》《节能技术改造财政奖励资金管理办法》等相关规定，为加快推广先进节能技术，提高能源利用效率，节能效果必须由第三方节能审核机构审核确定。

④ 城市节能各行业、各领域可以针对各自能源消耗特征，制定不同的能耗定额，并实施有效的奖惩机制。

5.8.3 倡导人文活动及观念转变

城市节能是世界性的大潮流，各国政府也实施具体的节能措施。我国也明确生态文明建设是我国的一项重要部署。中国人民大学环境学院环境与资源管理系宋国君教授指出，城市需要可持续发展，人们就要转变生活方式，少浪费能源资源，从生产生活各个方面进行改变。在城市，尤其是人口高度密集的城市高密度地区，人类在消费领域的节能存在巨大空间和潜力，因此，需要倡导人们树立节能观念。在现代市场经济作用下现有的消费模式是一种高度物质化的、超出人类生理需求的过度消费，如高排放汽车、一次性消费品等。因此，城市节能需要全体人员转变观念，从自身做起，从日常生活做起，节省能源，以实现可持续的消费模式。

1. 低碳生活

有数据显示，每年全国所有家庭的各种家庭电器待机所浪费的电量高达180亿度。节电的方法有使用节电照明、关闭不使用的家电、提高电梯运行效率并独立控制电梯；减少一次性消耗，如用一次就丢掉的塑料袋、餐盒、筷子等。改变使用"一次性"用品的消费嗜好，与节能、减少碳排放、应对气候变化关系重大 [1]。

另外，对于垃圾分类的实施和操作，可以在各种商品的包装和商标上以不同色彩或编号来区别分类，并在城市、社区中设计对应色彩和编号的垃圾桶，方便居民快速识别、对垃圾进行分类，以降低现状垃圾收集和处理的高能耗。

2. 低碳办公

第一，采购办公用车和办公设备时优先选用低排量、低耗能、低污染的型号；第二，在办公过程中应提倡低碳方式，如适当关闭多余灯源，减少设备待机时间，可将其关闭或设置成节电模式，控制室内空调温度（冬季室内温度设置不高于 20 ℃，夏季室内温度设置不低于 26 ℃），少乘电梯等；第三，倡导无纸化办公、双面打印、充分利用网络资源传阅文件等以减少浪费；第四，提高办公设备（如复印机、打印机、传真机等）的工作效率，尽量不要将其安装在空气不流通或灰尘多的地方。

3. 绿色出行

首先要在城市规划中为自行车出行和步行创造良好的环境，然后引导居民树立节能意识，树立节能交通消费观念，鼓励城市居民选取乘坐公共交通、骑自行车和步行等低能耗、低污染或无污染的绿色出行方式。其次要正面宣传绿色出行，以骑自行

---

[1] 翁一武.绿色节能知识读本——探寻公共机构节能之路 [M].上海：上海交通大学出版社，2012.

车为例，不仅低碳无污染，且免受堵车之苦和达到良好的健身效果。

4. 节能宣传与节能文化的普及

节能宣传与节能文化的普及是提升城市节能软实力的必要手段。例如，1990 年国务院第六次节能办公会议上确定了每年 11 月举行全国节能宣传周活动，目的为在夏季用电高峰到来前强势宣传，唤起节能意识。2004 年起改为 6 月举行，每届都有特定的宣传主题与口号，经多年的发展与完善已具有较强的影响力，有利于增强全国人民的"环境意识""能源资源意识"和"节能意识"。

5.8.4　节能设计数据库的建立与应用

信息化时代，信息资源的开发和利用越来越智能化、人性化，便利了人们的工作、生活。对收集来的节能设计数据信息资料进行处理和深度挖掘，运用现代化、智能化、便携化的手段实现信息产品传输，供不同的用户选择使用。城市节能设计数据库的使用如图 5-90 所示。

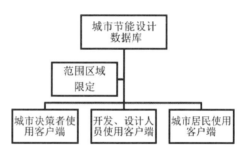

图 5-90　城市节能设计数据库的使用示意
（资料来源：作者自绘）

1. 节能设计数据库的建立

根据前面对城市能耗的描述，城市能耗和碳排放主要集中在产业、建筑和交通三大领域。而这三个领域的城市规划布局与设计是节能减排的重要因素之一，因此，构建城市节能设计数据库对于城市规划决策起到非常关键的基础作用。构建城市节能设计数据库有以下四个方面的目标：① 为城市可持续发展及城市生态节能设计的研究提供研究框架和基础资料；② 为政府相关部门决策和政策导向性研究提供资料；③ 为城市建筑节能设计、施工和管理提供资料和咨询；④ 为向民众普及和推广节能知识提供资料。

由于海量数据和信息的采集在时间上和空间上的跨度都比较大，节能软硬实力需要和技术交叉结合，且要满足多层次信息和多种类用户等需求，所以数据库的构建需要各专业领域专家和节能工作者的参与，数据库的设计要遵从大框架、多层次、分步骤、规范化、标准化、通用化、动态灵活的原则，做到数据及时更新，对高频率使用数据进行有效甄别和优先入库。另外，针对海量数据特征，城市节能设计数据库可以"边建边用"。

城市节能设计数据库本身很复杂，跨学科且涉及领域较广，因此需要设立拥有统一交换接口的各子数据库，并保证各子数据库能够进行数据的无缝衔接。该数据库主要包括城市气象数据（全套气象参数数据图及比较关系图）、能源资源利用和能耗状况、城市布局情况、城市环境、绿色建筑布局情况、节能建设材料、各种基础设施系统、运营成本与效益、服务质量和可靠性、投诉率、交通设施、公交优先道路、拥堵状况、污染物排放，以及生态、低碳、节能相关法律、法规、标准等，并与城市其他领域节能数据库建立连接。该数据库可为城市建设规划决策、管理、监控、评价、研究提供基本数据，为城市规划生态节能设计提供科学决策、精细管理和监测评价服务，并可作为城市设施投资和补贴的辅助依据。

2. 节能设计数据库在政府决策方面的应用

佐治亚理工学院的查克·伊士曼（Chuck Eastman）教授在 1975 年创建了建筑信息模型（BIM[1]）理念，以便于实现建筑工程的可视化和量化分析，提高工程建设效率。建筑信息模型不仅具有协调性，而且信息可视化，可以用来做模拟研究和优化方案，还可出图，方便快捷。建筑信息模型发展到现阶段，已经具有建立建筑信息模型、建立虚拟设计与建造（VDC）和优化设备性能等功能，以建筑信息模型为载体建立信息化项目管理，能够有效减少浪费、提供决策支持，从而达到节能目的。

从物质形态来看，建筑构成了城市，城市是一个复杂的有机巨系统，富有生命力（图 5-91），建筑是其内部细胞，将 BIM 进行综合扩展可以应用于城市，即建立 CIM（city intelligent model，城市智慧模型），2010 年上海世博会 CIM 得到应用。

---

[1] BIM 的全称是 building information modeling，即建筑信息模型，用建筑工程项目的各项相关信息数据建立建筑模型。

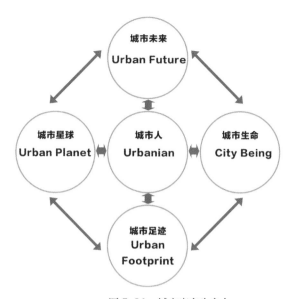

图 5-91 城市富有生命力

（资料来源：吴志强．从 BIM 到 CIM——城市智慧模型 [DB/OL].http://wx.shenchuang.com/article/2015-05-16/1032536.html）

基于城市节能设计数据库和 CIM 平台，建立城市高密度地区高能耗建筑或设施的能耗监控系统，对建筑物内所有能源状况进行能耗检测、控制，包括对照明、空调、电梯等用电设备，以及热能能源消耗的用量进行检测和管理，持续高效地掌握高能耗设施用能情况，可以达到减少浪费、合理用能的目的。结合预付费式表计量，能耗监控系统可以实现能源管理自动化功能，避免了恶意透支用能和"跑、冒、滴、漏"等异常现象。

3. 节能设计数据库在规划设计方面的应用

基于城市节能设计数据库，建立 CIM 的工作底板，实现多种数据的导入，从单栋建筑拓展到建筑群组的环境模拟、单体之间联系网络的模拟，从选址模拟、风环境模拟、水环境模拟、交通流模拟到人流模拟，甚至是信息流和资金流的模拟。将流动的、无形的要素可视化，可以直观感受到它们对城市的影响，从"以形定流"走向"以流定形"，并通过不同的情景方案，来应对城市弹性与不确定性，从而有利于作出趋利避害的城市规划与设计，构建智能化、信息化的城市规划设计管理决策平台，推进城市智能管理。

同时，参考清华大学建筑设计研究院研发的中国绿色建筑智能评价分析APP"绿星宝"的设计思路，以城市节能设计数据库为基础数据信息，为规划设计方和建设方提供所有与城市规划节能设计、建设和施工相关的国家标准技术条目、细节及法规政策，采用智能搜索来调取阅读。并能够为建筑进行智能评价、专业评价、图形化结果分析，构建智能优化方案模块。另外，APP中还可以提供全球最新的绿色建筑设计前沿技术、空间设计和绿色建材应用等资讯。

4. 节能设计数据库在日常生活方面的应用

基于城市节能设计数据库，开发可供居民使用的节能相关手机应用软件，除了加强城市节能知识推广与普及，还可以为用户提供以下几种功能：① 提供所在地区的电费情况，帮助用户寻找合适的节能器具；② 为用户计算家里各种电器的用电瓦数，生成直观图表，比较不同电器的电力消耗成本，检视并修正过度浪费的不良习惯；③ 为用户提供可换用何种节能设备，可计算可省下金钱数额和二氧化碳排放等各式数据，并直观表达；④ 为装有太阳能设备的用户提供太阳能电力计算，还可基于 GPS 定位自动调节太阳能板的倾斜角，并提供太阳照射数据；⑤ 实现无线节能开关功能，使用户能够远程控制家中插座、电器和电能表的开关状态。

寒冷气候城市高密度地区
生态节能设计实例研究

6.1 天津市概况及城市节能概述

6.1.1 天津市气候特征

天津，地处北温带，位于中纬度亚欧大陆东岸、我国华北平原东北部，是我国的直辖市、沿海开放城市、生态城市。气候属暖温带半湿润季风性气候，冬季较长且寒冷干燥，夏季较炎热，雨水集中；春、秋季短促，气温变化剧烈，且春季雨雪稀少，多大风、风沙天气；气温年较差较大，日照较丰富。

天津年平均气温 14~15 ℃，最热月平均气温 28~30 ℃；最冷月平均气温 –3.5 ℃ . 天津温度情况如图 6-1 所示；月平均相对湿度均在 50 % 以上，七月、八月平均相对湿度最大（图 6-2）；年平均降水量在 360~970 mm，平均值是 600 mm（1949—2010）（图 6-3）。

6.1.2 天津市能源资源消耗

天津是资源型缺水城市，人均本地水资源占有量仅 100 m³，是我国人均占有量的 1/20[1]，世界人均占有量的 1/90，远低于世界公认的人均占有量 1000 m³ 的缺水警戒线，属重度缺水地区。2020 年天津市总用水量为 27.82 亿 m³，其中工业用水占 16.0%，生活用水占 23.9%，农业用水占 37.0%，人工生态环境补水占 23.1%，人均用水量 201m³/ 人（2020 年天津市水资源公报）。

能源方面，一直以来，煤炭在天津能源供应及消耗中所占的比重非常高[2]。近十几年，尤其是"十三五"以来，天津市深入贯彻习近平总书记提出的"四个革命，一个合作"能源安全新战略和总体国家安全观，以新发展理念为统领，以供给侧结构性改革为主线，着力推进质量变革。能源结构持续优化，煤炭等化石能源消费比重不断降低，传统能源清洁化和清洁能源规模化发展步伐加快，以煤炭为主的能源结构逐

---

[1] 人民网 - 人民日报（天津频道）. http://tj.people.com.cn/n2/2021/1027/c375366-34976453.html.
[2] 国家发展和改革委员会能源研究课题组 . 中国 2050 年低碳发展之路能源需求暨碳排放情景分析 [M].
北京：科学出版社，2009.

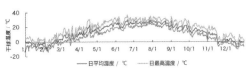

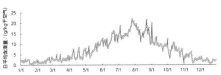

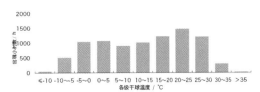

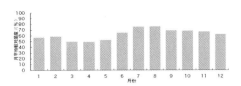

图 6-1　天津温度情况　　　　　　　　　　图 6-2　天津湿度情况

（资料来源：中国绿色建筑智能评价分析 APP 绿星宝截图）　　（资料来源：中国绿色建筑智能评价分析 APP 绿星
宝截图）

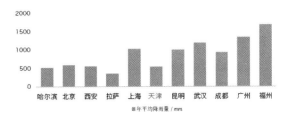

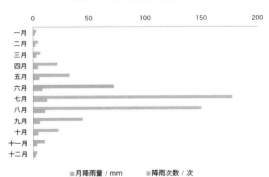

图 6-3　天津与其他城市降水量对比及天津多年平均降雨情况

（资料来源：绿天候．中国绿色建筑智能评价分析 APP 绿星宝截图）

渐向多元化、清洁化方向转变。2020年，天津市能源消费总量比2015年减少2.6%，煤炭消费量占能源消费总量的比重由40.8%下降到34.1%；非化石能源消费占比由2.7%提高到7.7%。但也仍然存在全市工业结构偏重、能源结构偏煤等问题。因此，在"十四五"期间及未来，天津市还应持续优化能源结构，降低煤炭消费量占能源消费总量的比重，提高新增用能使用清洁能源的比重；在居民采暖和单位热水供应中，还应积极开展老旧管网改造工作，加快供热管网建设，推动天然气管网建成区全覆盖和提高集中供热普及率；加快老旧小区公共充电桩建设等。

建筑能耗方面，由于天津的气候特征，冬季采暖和夏季制冷是城市建筑能耗的重要方面。天津市冬季供热时间约150天，夏季制冷常在每年的6至8月，春季停暖后与秋季供暖前有短暂的因个人需求而异的空调采暖期。

天津建造于20世纪50至80年代的既有采暖居住建筑数量庞大，随着2005年节能建筑设计改造（三步节能住宅）的开展以及2021年《天津市老旧房屋老旧小区改造提升和城市更新实施方案》的实施，天津原有的围护结构性能差、供热效率低的高能耗住宅正逐步得到改造提升，节能潜力巨大。

6.1.3 天津市城市节能情况

天津市早在2001年便出台了《天津市节约能源条例》，后对该条例进行了修订并于2012年7月日起实施新版条例。新版条例扩大了法规调整范围，理顺了节能管理体制，使节能管理制度更加健全、节能激励措施更加完善以及节能法律责任更加明确。

天津市在节约利用土地方面，严格控制城市用地规模，并选取盐碱地等不适宜耕种的土地作为发展备用地。发展循环经济，优化能源结构，提高传统化石能源使用效率，推广使用新能源和清洁能源，丰富能源供应体系。天津市推进节水型城市建设，提出保护水源、开源节流，控制用量，完善管理体制。产业方面，依靠科技进步，强化节水措施。城镇公共建筑和民用建筑继续强制使用节水器具和设备。实施分类水价政策。重视雨洪资源的利用，公共绿地、小区绿地、防护绿地附近以及公共供水系统难以提供消防用水的地段，宜设置一定容量的雨水储水池。提高污水的再利用率。沿海地区考虑以海水作为生态用水，同时提高海水综合利用，加快海水替代淡水资源工作。实施南水北调工程。

　　天津市是建筑节能的试点城市，早在 1999 年就有"新建住宅全部按户实施分环设计"的规定。2000 年就完成了华苑绮华里、居华里等住宅建筑节能示范工程并通过验收。从 2006 年起天津市以 200 万元 / 年的出资力度支持绿色建筑试点示范项目，并推动新型墙材发展，例如混凝土多孔砖。以红桥区桃花南里小区改造为例，12 栋大板楼建筑面积约为 30 000 m^2，节能整治改造后，室温由 14~16 ℃提高到 20 ℃以上，耗热量下降到 15.6 W/m^2；塘沽区 2007 年两个街道 6 个小区共 20 万 m^2，在节能改造后，室温提高 2~4 ℃，耗热量下降到 15.6W/m^2 以下，夏季空调用电大幅降低，基本达到 65% 节能标准。市政府还对新型墙材应用于新农村建设进行了强制性规定，仅华明示范小城镇采用页岩烧结多孔砖就节约土地资源约 1.98 万 m^2。

　　天津市贯彻落实《天津市建筑节约能源条例》以及国家相关文件规定，通过编制建筑节能配套文件、对既有建筑进行节能改造、开展资源化综合利用、建立信息统计、增强节能材料研究等措施，建筑节能一直处于全国领先水平。在既有建筑节能改造方面，改造重点是建造于 20 世纪 50 至 80 年代的既有采暖居住建筑。2008 年 6 月天津市政府批准发布了《天津市 1300 万 m^2 既有居住建筑供热计量与节能改造实施方案》（津政办发〔2008〕62 号）。方案明确了既有居住建筑的改造思路、内容和资金筹措的原则。

　　近些年来，天津市内各区开展了对老旧小区的综合提升改造，2014 年市区内的 20 世纪 80 年代建造的非节能大板楼建筑已基本改造完毕，改造总面积达 251 万 m^2，每年采暖季可实现节约标准煤约 5.5 万吨，受益居民 4 万余户（天津市墙改节能管理中心数据）。2015 年天津市既有居住建筑节能改造工作计划，受益居民约 24 万户。"十三五"期间，新建民用建筑执行节能强制性标准率达 100 %，建成民用节能建筑面积超过 1.5 亿 m^2；既有居住建筑改造面积达 1200 万 m^2（天津市节能"十四五"规划）。"十四五"期间，实施新建居住建筑五步节能标准，从建筑节能产品、设备、体系、技术水平、产业配套设施等角度提升新建居住建筑的能效，并确保新建居住建筑五步节能设计标准 100 % 执行。持续推动既有居住建筑绿色节能改造与老城更新改造、城市双修、海绵城市建设等工作有机结合，推进既有住区停车、充电及电梯等设施建设，推动"绿色社区"建设。

2021年11月1日《天津市碳达峰碳中和促进条例》施行，要求"将绿色低碳、节能环保要求融入城市更新、老旧小区改造、智慧城市创建等工程，推进城乡建设和管理模式低碳转型。推进新建建筑节能、可再生能源建筑应用、既有建筑本体节能改造，严格执行公共建筑用能定额标准，推广超低能耗、近零能耗建筑，发展零碳建筑；鼓励建筑节能新技术、新工艺、新材料、新设备推广应用"。目前，天津市新建采暖居住建筑达到国家规定的各项要求。在新建超高层建筑方面，天津也秉承着"生态节能"原则进行设计、施工和利用。例如，中国建筑科学研究院与2014年10月动土开工的滨海新区新地标建筑天津周大福金融中心签署合作协议，在其施工现场开展"绿色施工机械的节能减排性能"检测，这是国内首个对超高建筑进行施工机械绿色性能指标和评价方法研究的例子，借助科学检测方式，建立施工设备的能效数据库，建立示范模型，让施工单位了解设备的排放情况和能源使用情况，提升建设过程中的绿色环保指数，降低设备排放，减少工程建设对空气的影响（天津周大福金融中心绿色施工能耗数据库数据）。

2012—2014年天津中心城区煤改燃工程完成了95座锅炉房、249台锅炉、5621万 m^2 的改燃并网任务，平均每年减少燃煤消耗148万吨、二氧化硫1.21万吨、氮氧化物0.66万吨；2017年中心城区全部燃煤锅炉"清零"，比2012年净削减煤炭消费总量1000万吨[1]。2019年完成中心城区、滨海新区核心区222台5908蒸吨/时燃气锅炉低氮改造[2]。

为实现流通业提质增效，构建节约资源和保护环境的生产方式和生活方式，2015年4月天津市商务委会同市委宣传部、市发改委组织开展了十项活动，包括创建绿色商场，引导商场、门店节能改造、节能销售、限制过度包装等；倡导企业推广绿色采购；引导绿色消费，筹建大型旧货流通交易市场；提倡餐饮、办公、生活等方面减少一次性用品的使用；在公共机构、机关单位、校园和社区推进绿色回收工作，

---

[1] 新华社天津 . http://www.xinhuanet.com//politics/2017-04/23/c_1120858038.htm.

[2] 中国环境报 . http://goootech.com/topics/72010287/detail-10292396.html.

基于物联网构建信息化平台，采用废品积分换购、自动回收箱等新型废物回收方式和设备，提高回收率；针对工业园内的废弃物回收，采取完善规范，统筹分拣的措施，以达到高效回收、提高循环利用效率的目的；另外对于市民加强节能宣传，提倡"健康消费"、杜绝"奢侈浪费"的文明生活方式。

政策方面，天津为降低建筑能耗、提高能源利用效率，进一步改善热环境，编制了《天津市公共建筑节能设计标准》（DB 29—153—2010）、《天津市居住建筑节能设计标准》（DB 29—1—2013）、《天津市民用建筑能耗监测系统设计标准》（DB 29—216—2013）和《天津市建筑节约能源条例》等。并且在全国率先完成《天津市绿色建筑材料评价技术导则》和《天津市绿色建筑设备评价技术导则》的编制，经市政府批准于 2015 年和 2016 年发布实施。另外，为开展和推动建筑垃圾资源化，编制了《天津市建筑垃圾资源化利用设施建设导则（试行）》，对全市范围内的建筑进行基本信息普查。

2014 年，天津入选国家节能减排财政政策综合示范城市。天津围绕"产业低碳化、服务业集约化、建筑绿色化、交通清洁化、污染物减量化、新 / 可再生能源利用规模化"六方面继续推进城市节能减排工作。

6.1.4　天津市城市节能潜力

1. 基于 LEAP 模型的节能潜力研究方法

LEAP 模型（long-rang energy alternatives planning system）即长期能源替代规划，由斯德哥尔摩环境研究所和美国波士顿大学共同研究开发，是一个基于情景分析的自下向上的能源 - 环境核算工具，具有灵活的结构，其数据可灵活设定，且形式多样，广泛应用于各种尺度的温室气体减排评价以及能源战略规划，包括全球、国家、区域、城市和微观部门。计算方法如表 6-1 所示。

表 6-1　总能源消费量和碳排放计算方法

①能源消费总量计算公式：

$$EC_n = \sum_i \sum_j AL_{n,j,i} \times EI_{n,j,i} \qquad 公式（6-1）$$

其中：EC_n 代表能源消费总量；AL 代表活动水平；EI 代表能源使用强度；n 表示能源类型；i 表示活动部门；j 表示终端能源使用设备

②能源转换净耗能计算公式：

$$ET_s = \sum_m \sum_t ETP_{t,m} \times \left(\frac{1}{f_{t,m,s}} - 1 \right) \qquad \text{公式（6-2）}$$

其中：ET_s 代表能源转换净耗能；ETP 代表能源转换产品；f 表示能源转换效率；s 表示一次能源；m 表示能源转换设备；t 表示生产的二次能源

③终端能源消费过程中碳排放量计算公式：

$$CEC = \sum_i \sum_j \sum_n AL_{n,j,i} \times EI_{n,j,i} \times EF_{n,j,i} \qquad \text{公式（6-3）}$$

其中：CEC 代表终端能源消费过程中碳排放量；$EF_{n,j,i}$ 表示第 i 个活动部门使用第 j 个终端设备消费单位第 n 种能源的碳排放量

④能源转换过程中碳排放量计算公式：

$$CET = \sum_s \sum_m \sum_t ETP_{t,m} \times \frac{1}{f_{t,m,s}} \times EF_{t,m,s} \qquad \text{公式（6-4）}$$

其中：CET 代表能源转换过程中的碳排放量；$EF_{t,m,s}$ 表示单位一次能源 s 通过能源转换设备 m 生产二次能源 t 的碳排放量

资料来源：WebHelp Version: Updated for LEAP 2015 [EB/OL]. http://www.energycommunity.org/WebHelpPro/WebHelp.htm.

基于 LEAP 模型对天津市节能潜力进行情景分析，是在城市尺度上评价各部门领域节能潜力和温室气体减排潜力[1]，设定"基准情景"和"综合控制情景"，比较分析各部门领域的节能潜力和二氧化碳减排潜力。

2. 数据来源与情景设定

（1）数据来源

数据来源包括中华人民共和国统计年鉴（2001—2014 年）、天津市统计年鉴（2001—2014 年），以及相关的政策、法规和城市、部门规划，如《天津市城市总体规划（2005—2020 年）》《天津市国民经济和社会发展第十二五个五年规划纲要》《天津市"十二五"节能减排综合性工作实施方案》《天津市节约能源条例》《天津市公共机构节能办法》《交通运输"十二五"发展规划》《城市公共交通"十二五"发展规划纲要》《天津市 2012—2020 年大气污染治理措施》《民用建筑节能设计标准天津地区实施细则》《公共建筑节能设计标准》《节能中长期专项规划》《天津市新能源新材料产业发展"十二五"规划》《天津市清洁能源行动规划》《天津市节能

---

[1] 本书只讨论天津市能源引起的温室气体的排放量，不考虑其他污染物的排放。

与新能源汽车示范推广及产业发展规划(2013—2020年)》《天津市清新空气行动方案》《2014—2015年节能减排低碳发展行动方案》《关于印发＜重点地区煤炭消费减量替代管理暂行办法＞的通知》《关于印发"十二五"绿色建筑和绿色生态城区发展规划的通知》《余热暖民工程实施方案》等。

（2）情景设定

以2013年为基准年建立LEAP-TJ模型，时间跨度为2013—2030年。能源消费系统主要划分为四个部门，即居民部门、交通运输业、商业及服务业、工业。不考虑城市以外地区。设置基准情景（BAU）和综合控制情景（INT）两种情景。其中，综合控制情景包括5个子情景，分别为：清洁燃料推广子情景（CEP）、建筑节能子情景（ECB）、交通节能子情景（TEC）、新能源开发与利用子情景（DNR）和工业节能子情景（IEC），模型核心参数设置和情景内容说明分别如表6-2和表6-3所示。

表6-2　模型核心参数设置

核心参数	2013	2020	2030
人口 / 万人	1472.21	1600	2000
人口增长率 / (%)	1.9	1.9	1.9
地区生产总值 / 亿元	14 442.01	31 926.68	68 927.31
GRP（地区生产总值）年增长率 / (%)	12	9	8
城市化率 / (%)	78.28	86	90
商业、服务业比重 / (%)	48.1	60	66

注：人口为常住人口，2013年数据来源于国家统计局官网；2020年数据来源于天津市城市总体规划（2005—2020年）。人口增长率数据来源于天津市城市总体规划（2005—2020年）。城市化率的2013年数据来源于城市化网；2020年数据来源于天津市城市总体规划（2005—2020年）。地区生产总值数据来源于天津市统计网站。GRP年增长率和商业、服务业比重根据天津"十二五"规划和天津市城市总体规划（2005—2020年）设定；2030年数据值和预测值经计算可得。

表6-3　情景内容说明

情景设置		情景内容	涉及部门
基准情景（BAU）		在不考虑截至目前已经颁布和实施的一系列节能政策、策略的前提下，利用2004—2013年这10年的数据来推导2014—2030年这17年的用能趋势	交通运输业 居民部门 商业/服务业 工业
综合控制情景（INT）	清洁燃料推广子情景（CEP）	交通部门：到2030年在城市客运周转量方面，液化石油气（LPG）、压缩天然气（CNG）和电动公交分别占到5%、35%和10%；LPG、CNG出租车分别承担10%和20%；柴油、CNG小轿车分别承担10%。 居民部门：天然气能源强度以年均变化率1.5%增加，LPG能源强度以年均变化率2%降低。 商业及服务业：天然气能源强度以年均变化率1%增加，煤炭能源强度以年均变化率2%下降。 工业部门：煤炭能源强度以年均变化率2%下降；柴油、汽油、燃料油能源强度以年均变化率1%下降；天然气能源强度以年均变化率3%增加	交通运输业 居民部门 商业/服务业 工业

情景设置		情景内容	涉及部门
综合控制情景（INT）	建筑节能子情景（ECB）	通过建筑群组及建筑单体节能措施降低民用、商用、大型公共建筑等的能耗，主要体现在减少用电消耗，到 2030 年 90% 的家庭使用节能电器，电力能源强度以年均变化率 1% 下降；日常行为节能 10% 左右	居民部门商业 / 服务业
	交通节能子情景（TEC）	控制私家车的增长速度，将私家车的拥有量控制在百户 30 辆之内；大力发展公共交通、快速公交（BRT）体系，加快公交专线建设；预计 2030 年 BRT 等公共交通系统可承担公交客运总量的 78% 左右	交通运输业
	新能源开发与利用子情景（DNR）	大力开发利用太阳能、水电、生物质能等新能源和可再生能源，使新能源和可再生能源的使用率到 2030 年达到 5%	居民部门商业 / 服务业
	工业节能子情景（IEC）	调整工业用能结构，降低单位增加值能耗。在 CEP 子情景对工业部门各能源强度调整基础上，使电力能源强度以年均变化率 1% 下降	工业

资料来源：作者设定情景。

3. 模型结果与节能潜力分析

基于对天津未来发展及用能情况的情景假设，经 LEAP 模型计算，得出不同情景下，天津市 2013—2030 年居民部门、交通运输业、商业及服务业和工业四个部门的能源消费总量（图 6-4）。在经济持续稳定增长的情况下，基准情景和综合控制情景下能源消费量都呈上升趋势，能源消费总量和增长速率有显著差异。能源消费总量在基准情景下，由 2013 年的 87.80 百万吨标准煤增加到 2030 年 300.23 百万吨标准煤，年均增长率为 7.5%；而在综合控制情景下，能源消费总量比基准情景累计节能量 142.66 百万吨标准煤，且增长较缓慢，从 2013 年的 87.80 百万吨标准煤增加到 2030 年 157.57 百万吨标准煤，年均增长率为 3.5%。

图 6-5（a）（b）分别为基准情景下和综合控制情景下各部门能源消费比重。基准情景下，工业消费比重较大；在综合控制情景下，随着城市发展产业结构的不断调整，工业的贡献率逐年降低。并且由于本书研究对象为城市高密度地区，考虑其界定与职能的特点，后文并不考虑和分析阐述工业部门及其节能潜力。两种情景下，商业及服务业的消费比重都逐年增加，2030 年分别达到 44% 和 52%。

图 6-6 为综合控制情景下 5 个子情景对节能总量的贡献率，图中可以看出，新能源开发与利用子情景的变化幅度较小，保持在 8% 左右；清洁燃料推广子情景、建筑节能子情景和交通节能子情景的节能贡献率比较高，但随着清洁能源的推广和公共交

通的大力发展，交通节能子情景的贡献率逐渐下降。

另外，在二氧化碳排放方面，2013—2030 年基准情景和综合控制情景下天津市二氧化碳排放总量如图 6-7 所示，基准情景下二氧化碳排放量从 203.51 百万吨增加到 663.60 百万吨，年增长率 7.2%，综合控制情景下二氧化碳排放量从 203.51 百万吨增加到 451.57 百万吨，年增长率 4.8%，明显低于基准情景。

图 6-8 为两种情景下各部门二氧化碳排放情况，可以看出，在基准情景下交通运输业是二氧化碳的排放大户，在综合控制情景下下降也最为明显。

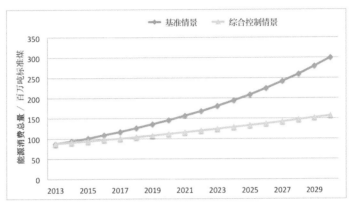

图 6-4 天津市 2013—2030 年能源消费总量
（资料来源：作者绘制）

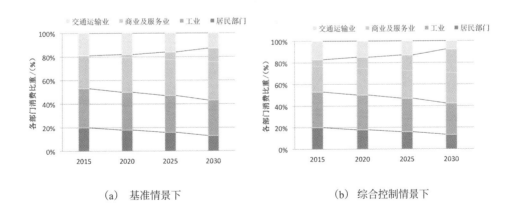

(a) 基准情景下   (b) 综合控制情景下

图 6-5 各部门能源消费比重
（资料来源：作者绘制）

综上所述，虽然工业是城市节能的重要部分，但是本书以城市高密度地区为研究对象，且随着产业结构的逐步调整，工业节能贡献率也逐年下降，故暂不涉及。根据 LEAP 模型计算结果，天津市生态节能发展潜力主要集中在清洁燃料推广、交通节能和建筑（群组）节能三大方向。另外，考虑到节地方面及单位土地面积碳排放的情形，城市形态密度控制也必不可少，因此，在三大节能方向的基础上，还需要以高密度紧凑的"3H"区间值域化模式进行控制。

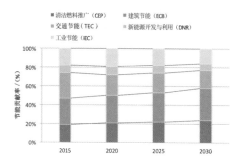

图 6-6　综合控制情景下 5 个子情景对节能总量的贡献率
（资料来源：作者绘制）

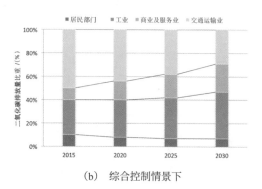

图 6-7　两种情景下二氧化碳排放总量
（资料来源：作者绘制）

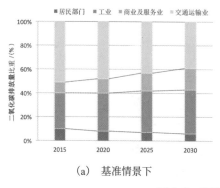

（a）　基准情景下　　　　　　　　（b）　综合控制情景下

图 6-8　各部门二氧化碳排放情况
（资料来源：作者绘制）

6.2 天津市高密度布局分析

6.2.1 天津市总体布局

根据国务院批复的《天津市城市总体规划（2005—2020年）》，天津的总体空间发展战略为"双城双港、相向拓展、一轴两带、南北生态"（图6-9）。

其中，中心城区形成以小白楼地区为城市主中心、以西站地区和天钢柳林地区为副中心的"一主两副"格局[1]（图6-10），实现中心城区的多中心发展。

人口和建设的高密度快速发展造成历史街区保护难度加大，中心城区交通拥堵、热岛效应加剧，人居环境质量下降，同时伴随城市运行效率下降。公共服务设施分布较不均，土地的利用效率较低，和平、河西、南开高度密集，河北、红桥、河东数量不足。在和平区聚集着较多的市级行政中心、商业中心、文化中心、教育中心等职能中心，加之和平区自身人口稠密，造成道路交通压力过大，历史风貌保护受限。

在住宅建设上，过于"重量轻质"，忽视了居住环境质量建设。老旧住区环境质量较差，基础设施落后，如20世纪50年代以来大规模集群布置的居住区高密度延续，随后80年代开始企事业单位内部针插式住宅建设，使得用地性质复杂，且基础设施及公共设施过载。目前中心城区还存

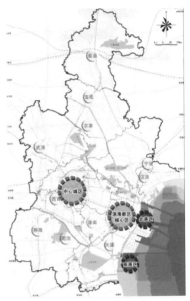

图6-9　天津市"双城双港"空间战略
（资料来源：http://www.022net.com/channel/tjspace/）

图6-10　天津市城市发展格局
（资料来源：http://www.022net.com/channel/tjspace/）

---

[1] 天津市空间发展战略规划 [DB/OL]. 天津市规划和自然资源局官网 . http://www.cityplan.gov.cn.

在部分建于 20 世纪六七十年代的危陋旧房和多层住宅建筑，其布局结构不合理，且环境质量长期得不到提高。

6.2.2 城市高密度中心区

1. 小白楼概述

小白楼地区（图 6-11）是天津市的主中心，依托海河发展而来，位于天津中心城区的几何中心位置，由市内六区中的南开区、和平区、河北区、河东区和河西区五区交界之处构成（图 6-12），主要包括小白楼商务区，解放北路商务区，和平路、滨江道商业区，以及南站商务区四部分（图 6-13），其范围北至博爱道、海河东路，南至南京路、苏州道、江西路、合肥道，西至鞍山道，东至七纬路，占地面积为 5.4 km²。

主中心地处历史悠久街区，例如，小白楼地区、和平路地区都是在原外国租界

图 6-11　小白楼地区实景
（资料来源：张拓拍摄）

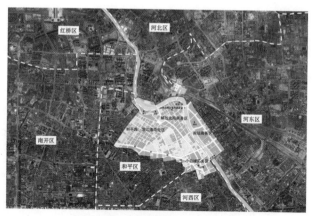

图 6-12　小白楼城市主中心区位图
（资料来源：作者整理绘制）

区的基础上发展起来的（图 6-14）；20 世纪 30 年代区内解放北路、和平区以金融功能成为天津乃至中国北方地区金融中心。根据 2008 年天津市历史文化名城保护规划，

小白楼城市主中心区域中包含八片历史文化街区，且区内拥有全国重点文物保护单位4处，市级重点文物保护单位45处[1]。

图6-13　小白楼城市主中心范围、区位图及主要功能分区
（资料来源：天津市小白楼地区城市主中心设计规划）

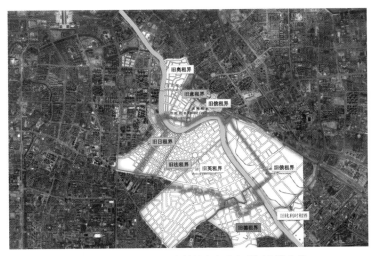

图6-14　原外国租界在小白楼城市主中心范围内的分布
（资料来源：作者整理绘制）

---

[1] 八片历史文化街区包括泰安道、劝业场、赤峰道、承德道、鞍山道、中心花园、解放北路、解放南路历史文化街区；4处全国重点文物保护单位包括劝业场、盐业银行、利顺德饭店、法国公议局大楼。

2. 人口分布状况

天津市中心城区市内六区人口密度，市内六区人口密度均在 20 000 人 / km² 以上，差别较小，小白楼城市主中心大部分面积位于和平区，人口密度更高。从历史资料来看，小白楼地区一直是天津市人口密度最高的区域，1998 年 10 月，和平区重新进行街划调整，由 12 个街道调整为 6 个街道，人口密度有所变化。

3. 用地及开发强度

根据《天津市城市总体规划（2005—2020 年）》、天津市各片区控制性详细规划和天津市历史文化街区保护规划，小白楼城市主中心用地以商业服务业设施用地（B 类用地）为主，公共管理和公共服务用地（A 类用地）为辅，还包括居住用地以及相关配套设施用地等（图 6-15）。规划确定了小白楼城市主中心以金融、商业、商务办公为主的发展方向：其中，小白楼商务区重点发展商贸、办公等功能；滨江道商业区、和平路重点发展商业和商务办公等功能；南站商务区重点发展办公、休闲娱乐等功能；解放北路商务区重点发展金融、办公等功能。

根据天津市控制性详细规划和实地调研，该地区建筑密度分布和容积率分布如图 6-16 和图 6-17 所示。由于历史发展的复杂和多元性，其高密度环境高层高密度、多层高密度和低层高密度共存（图 6-18）。由图 6-19 建筑阴影可判断小白楼城市主中心的高层建筑分布。

图 6-15 小白楼地区用地性质
（资料来源：根据《天津市小白楼地区城市主中心设计规划（2009—2020）》绘制）

图 6-16 小白楼城市主中心建筑密度分布图示
（资料来源：根据《天津市小白楼地区城市主中心设计规划（2009—2020）》绘制）

容积率0~1.5
容积率1.5~2.0
容积率2.0~3.0
容积率3.0~5.0
容积率5.0~8.0
容积率8.0~10.0
容积率10.0~14.0
公共绿地
海河
中心区范围

图6-17 小白楼城市主中心容积率分布图示
（资料来源：根据《天津市小白楼地区城市主中心设计规划（2009—2020）》绘制）

图6-18 小白楼主中心鸟瞰
（资料来源：张拓拍摄）

图6-19 由建筑阴影判断高层建筑分布
（资料来源：作者根据高德地图资料绘制）

通过上述对于小白楼地区的功能、人口密度、用地强度等的描述和分析，其高密度属性显现，因此小白楼地区可以定义为天津的高密度中心区。

6.2.3 城市高密度街区

1. 道路交通状况

在小白楼地区内道路格局主要表现出顺应海河形态趋势形成多分区的棋盘式道路网（图6-20），在历史街区内形成了路网密度大的小尺度街区。历史街区范围内沿路建筑与道路尺度协调，形成了适宜慢行交通的较小尺度街道空间。由于主中心的重要功能和地理位置，其道路系统压力巨大，部分路段实行的单向通行限制并

图6-20　小白楼地区路网示意图
（资料来源：作者根据 Google 地图绘制）

不能缓解高峰时段及节假日时期的拥挤和拥堵。另外，主中心的强辐射力和吸引力使该区域的停车需求也很大，因此，区域内车辆占路停车现象严重，使原本较窄的路面可通行空间更加局促。

小白楼商务区和南站商务区等区域以现代城市道路的大街坊模式为主，街区划分面积较大、围合道路较宽、车流量较大，道路两侧建筑难以形成完整的街廓围合感。

在轨道交通方面，天津地铁的几条线路，以小白楼城市主中心为核心向外辐射，形成了中心城区的轨道交通主干网；4号线从主中心中部东西贯穿（图6-21）。地铁1号线依托天津早期地铁线路进行改造建设，并依托南京路商业商务功能进行立体化功能扩展，通过地铁站与公共建筑地下空间的结合实现了地上地下空间的一体化，如小白楼地铁站、营口道地铁站。营口道站位于滨江道商业区南京路与营口道路口，其建设结合伊势丹商场、津汇广场、号外商场的地下空间，实现了交通换乘与购物空间的紧密结合，提升了商业设施的活力，并有效缓解南京路交通拥堵的情况（图6-22）。

2. 公共空间状况

小白楼地区内绿地等公共开放空间较少且面积较小，目前主中心范围内较大面积开放空间包括占地约 2.5 hm² 的小白楼商务区绿地（图 6-23）、占地约 1.5 hm² 的中心公园（图 6-24），以及占地约 0.9 hm² 的解放北园。根据天津市和平区 01-03、01-06、01-09 单元控制性详细规划，哈密道和四平东道之间设置总面积为 6.84 hm² 的城市公共绿地，唐山道与建设路交会处设置点状绿地 0.62 hm²，南京路与徐州道交会处设置点状绿地 0.64 hm²；根据河西区 03-02、03-03 单元控制性详细规划，距离小白楼地区较近位于其南部的徽州路的城市公园为人民公园，占地面积约 14.21 hm²，徐州道的团结公园面积约为 1.71 hm²。此外，主中心内还设置了许多面积为 300~500 m² 的点状绿地，还沿海河设置了带状公园等（图 6-25 为小白楼地区绿地等公共开放空间分布情况）。

图 6-21　小白楼城市主中心区轨道交通系统
（资料来源：在王峤的《高密度环境下的城市中心区防灾规划研究》基础上新增线路绘制）

图 6-22　营口道地铁站
（资料来源：作者拍摄）

图 6-23　小白楼商务区绿地
（资料来源：作者拍摄）

图 6-24　中心公园
（资料来源：作者拍摄）

图 6-25　小白楼城市主中心开放空间布局图
（资料来源：作者根据资料绘制）

图中标注文字：
沿海河绿带
中心公园
解放北园
团结公园
人民公园
哈密道和四平东道之间生产公共绿地
小白楼商务区绿地

6.2.4　城市高密度地块

明清时期天津市是一个军事卫城，长久以来一直是北方的军事、政治、经济和文化中心，具有六百年的城市发展史，因而是国家级历史文化名城。近代史上九国列强在天津划取租界地，也因此在海河两岸留下了数量众多的西式建筑群，现代天津堪称"万国建筑博览会"。小白楼地区曾为美、英租界，建有具有历史文化保留价值建筑，多为低层别墅风格。

小白楼地区有许多地块都是密度非常高的，高层高密度、多层高密度和低层高密度混合同时存在。居住用地平均容积率为 1.5，平均建筑高度约为 5 层，居住用地平均建筑密度偏大，达 30%，平均绿地率则严重偏低，仅为 17%，人均居住用地约 18 m²，人均居住建筑面积约 28 m²，均低于相关的国标和地标。尽管如此，小白楼地区在不断"长高"，无论是建筑的平均高度，还是百米以上超高层建筑的数量，都有了明显增长（图 6-26）。图 6-27 为中心城区建筑高度模拟图，黑色为百米以上的超高层建筑。与建筑高度的分布略显分散相比，中心城区开发强度的分布显现出强烈的单中心格局，即核心部分的地块开发强度明显高于其他地区，向周边和外围则呈梯次下降的格局，外围也有若干较高强度开发的区域，但规模很小（图6-28为天津市中心城区地块开发强度模拟图）。表6-4为小白楼地区100 m以上超高层摩天大楼信息。

图6-26　小白楼城市主中心部分高层鸟瞰
（资料来源：张拓拍摄）

图6-27　天津市中心城区建筑高度模拟图
（资料来源：天津市城市规划设计研究总院微信公众平台）

图 6-28　天津市中心城区地块开发强度模拟图
（资料来源：天津市城市规划设计研究总院绘制）

表 6-4　天津市小白楼城市主中心 100 m 以上超高层摩天大楼信息

名称	高度 / m	层数	始建时间	建成时间	业态类型	当前状态
联合广场	488.00	100	—	—	办公、公寓、酒店	规划
现代城二期主塔	339.60	68	2010	2015	办公	建成
天津环球金融中心	336.90	75	2007	2011	办公	建成
天津嘉里中心主塔	333.00	72	2013	2016	办公	建成
天津中信城市中心广场主塔	320.00	—	2014	2020	办公、商业、酒店	建成
天津平安泰达金融中心	313	62	2018	2020	办公	建成
津湾广场 9 号楼	299.80	70	2012	2016	办公、公寓、酒店	建成
天津美银中心大厦	295.60	64	2008	2013	办公、酒店	建成
渤海银行总部大厦	270.00	51	2010	2014	办公	建成
天津泰安道五号院	263.40	47	2010	2014	办公、商业	建成
天津金融街（和平）中心	263.00	47	2012	2016	办公	建成
天津和记黄埔地铁广场 D 栋	258.00	55	2007	2013	办公楼	建成
天津君临天下	243.00	80	2005	2011	住宅	建成
津湾广场 8 号楼	240.00	58	2012	2015	公寓、住宅	建成
天津信达广场	238.00	51	—	2004	写字楼	建成
天津凯德国贸主塔	235.00	57	1996	2014	公寓	建成
天津远洋大厦二期	216.00	50	2021	2024	写字楼	在建

名称	高度/m	层数	始建时间	建成时间	业态类型	当前状态
天津现代城二期四季酒店	215.14	48	2010	2014	酒店	建成
天津嘉里中心公寓	215.00	61	2009	2016	公寓	建成
天津金皇大厦	208.00	47	2000	2004	商业、写字楼、酒店、住宅	建成
天津富力中心2号楼	205.70	54	2010	2013	写字楼、公寓	建成
天津滨江万丽酒店	203.00	48	—	2002	酒店	建成
天津大都会双塔	200.00	45	2013	2018	写字楼	建成
天津和记黄埔地铁广场A栋	198.00	57	—	2013	公寓	建成
天津和记黄埔地铁广场B栋	186.00	53	—	2013	公寓	建成
天津金融街和平中心融景名邸	185.30	60	2012	2016	住宅	建成
天津中心	185.00	49	1992	2009	写字楼、酒店	建成
金谷大厦	180.00	36	2009	2013	办公、公寓、酒店	建成
天津金融街（和平）中心住宅1	180.00	59	2013	2015	住宅	建成
天津津汇广场	174.23	38	—	—	写字楼	建成
天津和记黄埔地铁广场C栋	174.00	49	—	2013	公寓	建成
天津君隆广场	170.00	38	2008	2010	酒店、写字楼	建成
天津水岸银座	169.00	35	2011	—	公寓	拆除
天津凯德国贸副楼1	165.00	41	2011	2014	写字楼、公寓	建成
天津凯德国贸副楼2	165.00	45	2011	2014	写字楼、公寓	建成
天津诚基中心	162.00	50	2005	2007	公寓	建成
天津嘉里中心	170.00	38	—	—	酒店、写字楼	建成
香格里拉酒店	161.00	38	2009	2016	酒店	建成
天津金德园	160.14	46	—	—	公寓	建成
天津远洋大厦	153.00	40	—	—	写字楼	建成
天津金融街（和平）中心住宅2、3	152.65	48	2013	2015	住宅	建成
天津百货大楼新厦	151.00	39	1994	1997	写字楼	建成
天津嘉兰铭轩	147.50	42	2012	2016	写字楼、公寓	建成
天津环球金融中心津门公寓	140.00	41	—	2010	公寓	建成
天津合生国际广场	138.00	31	2010	—	公寓、写字楼	建成
天津天河星畔广场	138.00	40	—	—	写字楼	建成
天津国际大厦	135.00	37	—	—	写字楼	建成
天津汇融大厦	119.00	25	—	—	写字楼	建成
天津市土地交易市场	113.00	22	2007	2008	写字楼	建成

名称	高度 / m	层数	始建时间	建成时间	业态类型	当前状态
天津交通银行大厦	105.00	32	—	—	写字楼	建成
天津津塔公寓	105.00	31	—	—	公寓	建成
天津津汇广场二期日航酒店	103.5	22	—	—	酒店	建成

资料来源：作者结合实地调研，根据天津摩天数据库（http://www.tjnewcity.com/Skyscraper.php?page=1&level=）资料整理制作。

在城市高密度地块中，能耗的主要指向便是建筑群组及建筑单体。20 世纪 50 至 80 年代建成一批预制混凝土构件吊装结构的多层住宅，俗称"大板楼"，其墙板薄且无保温，窗户多为空腹钢窗，传热快，密闭性差，夏热冬冷且室内会结露、发霉，建筑物供暖能耗高，室内环境的热舒适性差。2008 年以来连续进行大板楼节能改造，屋面加设保温层和防水层，外墙粘贴保温板后重新粉刷，用中空塑钢平开窗代替了空腹钢窗，给楼道安装保温门、塑钢窗，使建筑节能保温，提高了室内热舒适度且防尘、降噪，改造后室内冬季温度可提高 2~5 ℃，并且提高了社区环境质量，截至 2014 年大板楼几乎改造完毕。

20 世纪 90 年代末以来建成的居住建筑都采暖节能达标。表 6-5 为天津各阶段采暖居住建筑供暖能耗量统计。近年小白楼城市高密度中心区建设的高层、超高层商务、商住建筑皆应用绿色节能设计与技术。

表 6-5　天津各阶段采暖居住建筑供暖能耗量统计（以 6 层住宅为例）

节能阶段	采暖平均能耗 / （W/m²）	采暖期平均标准煤耗 / [kg/ (m² · a)]	锅炉效率	热网效率
基础值（20 世纪 70 至 80 年代）	31.7	23.7	55%	85%
按节能 30% 的目标节能设计的住宅（20 世纪 80 至 90 年代）	25.3	16.6	60%	90%
按节能 50% 的目标节能设计的住宅（20 世纪 90 年代至 2000 年）	20.5	11.8	68%	90%
按节能 65% 的目标节能设计的住宅（2000 年至 2013 年）	15.9	8.3	74%	90%
按节能 75% 及以上的目标节能设计的住宅（2013 年至今）	11.2	6.25	86%	92% 以上

资料来源：①郁文红. 建筑节能的理论分析与应用研究 [D]. 天津：天津大学，2004.
②《天津市居住建筑节能设计标准》（DB29-1-2013）。

6.3 天津市城市高密度中心区生态节能设计策略

6.3.1 最佳人口密度的调节

小白楼地区的整体土地利用格局已经形成，用地功能混合度较高，街道界面的公共性良好，提高了土地资源的利用效率。随着海水淡化、污水回用和综合利用水资源水平的提高，从整个天津市的人口密度来看，天津市水资源可容纳更多的人口使用消耗。

根据《天津市城市总体规划（2005—2020 年）》，到 2020 年中心城区人口控制在 470 万人以内，规划范围面积为 371km²，平均人口密度为 1.27 万人 / km²，接近于城市最佳人口密度 1.3 万人 / km²，说明经过城市总体规划的调整可以达到最佳城市人口密度，以达到生态节能节地的目标且不会造成过度拥挤。

6.3.2 生态节能开发强度值域

小白楼城市主中心地区除历史保护地段以外的其他居住用地，1999—2005 年平均容积率为 1.97，以高层、中高层结合多层为主；近年来新建住区容积率均显著增长，以塔式高层为主，平均容积率达到 3.0；平均容积率在 4.0 以上的居住用地开发项目主要是商住公寓，建筑密度和建筑层数都很高，占地面积较小，使周围城市空间和交通设施的荷载压力较大。

根据天津市和平区 01-03、01-06、01-09 单元控制性详细规划和河西区 03-02、03-03 单元控制性详细规划，小白楼城市主中心地区的高密度生态节能总体布局是高层高密度、多层高密度和低层高密度同时存在的布局方式，如图 6-29 所示，高层高密度主要布局在小白楼商务区、南京路两侧和沿海河轴线上，多层高密度布局在滨江道、和平路和解放北路商务区，低层高密度多为年代较久的小型商铺和住宅，主要分布在滨江道商业街的周边区域，开发强度控制区间如表 6-6 所示。

对于建筑高度和密度的控制，小白楼地区邻近历史保护区的地段不可采用高层，宜采用多层、中高层结合布局方式，可适当提高建筑密度；建筑高度应从保护区向周边逐渐升高。海河沿岸应分区段控制新建住宅的高度和密度，要求在符合城市规划限高的同时，临河的建筑高度与河道宽度之比控制在 1 : 3 左右。

图 6-29　小白楼城市主中心高密度分区图
（资料来源：作者根据资料整理绘制）

另外，对于高层建筑投影面积的控制，可借鉴上海市的做法：

$$A \leq L \times (W+S) \qquad\qquad 公式（6-5）$$

式中：A——建筑以 1 : 1.5 的高度角在地面上投影的总面积；

　　　L——建筑基地沿道路规划红线的长度；

　　　W——道路规划红线宽度；

　　　S——建筑后退距离。

表 6-6　小白楼城市主中心高密度总体布局开发强度区间

布局类型	用地类型	容积率		建筑密度／（%）		绿地率参考区间／（%）
		区间	平均	区间	平均	
高层高密度	商业公共设施用地	3.9~13.5	9.5	30~60	50	5.0~40
	公益性公共设施用地	2.5~8.8	4.2	30~50	40	10~30
	居住用地	1.5~4.6	3.0	30~40	35	20~35
多层高密度	商业公共设施用地	2.0~10.3	5.3	40~60	50	10~15
	公益性公共设施用地	1.6~4.1	3.2	30~50	40	10~40
	居住用地	1.8~3.2	2.8	20~50	40	20~50
低层高密度	低层低密度多为历史文化街区，其形态既成，商业性公共设施用地、公益性公共设施用地、居住用地的容积率、建筑密度、建筑限高等有严格的规定					

资料来源：作者自制。

6.3.3 能源资源集约利用策略

积极发展利用太阳能、风能、地热能、生物质能、海洋能等，推进能源新技术产业化进程。大力推广清洁能源，降低能源消耗，减少二氧化碳排放。天津市的区位特征和气候条件决定了其具有良好的风能、太阳能和地热能（中低温）资源。天津市全年总太阳辐射 $488\,kJ/cm^2$，其中直射辐射 $283\,kJ/cm^2$。地热资源可以用于发电（西藏羊八井）和直接利用地热水进行建筑供暖（天津和西安）、发展温室农业（华北平原）和温泉旅游（东南沿海）等，效益显著。

全市供热合理统一规划布局，发展热电联产结合大型区域供热锅炉房，并改善城市能源结构，以控制煤炭的使用，加强清洁能源（天然气、地热等）供暖，采用地热回灌技术[1] 和梯级利用技术[2]，以达到保持热储压力、减少污染环境和充分利用地热能的目的。推广电、热、冷三联供体系，提高能源的利用效率，更新和淘汰中、小锅炉，发展建设大型热源，并对工业余热进行充分利用。

在供电方面，加快区域电源建设，保证电力稳定、充足且安全地供应；加强城市高密度地区电网建设，保证高密度环境足够的调峰能力；同时可引西北电力通过直流入津，增建锡林郭勒盟——南京、蒙西——天津南 1000 千伏交流特高压输电通道及天津南特高压变电站。2014 年建成的光伏电站，总装机容量 20 MW，并网后年供电 1842.17 kW·h，相当于 10870 户家庭一年的用电量。

另外，在城市高密度地区，能源资源的生态节能利用、降低能耗和减少二氧化碳排放，还表现在公共交通的优先发展和清洁能源的利用上，在提高公共运输效率的同时降低城市交通能耗；在建筑节能设计方面，加强建筑节能标准化工作，有效应用新的节能技术和材料，并加速发展集中供暖的室温可控、分户计量收费等技术，提高建筑采暖节能水平。交通和建筑的生态节能策略将在后面详尽描述。

---

[1] 地热回灌技术：将经过利用温度降低的地热尾水或其他水源通过地热回灌井重新注回热储层，回灌的地热尾水和其他回灌水在热储层中经过与地热流体混合，并和热储层中的岩石骨架进行热交换，再次循环利用。

[2] 梯级利用技术：利用地热资源温度高、矿物质丰富等特点，多梯次利用，以冬季采暖为主，尾水可回灌到地下或用于生活热水、理疗、种植、养殖等。

6.4 天津市城市高密度街区生态节能设计策略

6.4.1 街区生态节能设计策略

小白楼地区基本格局已经形成，街区的生态节能设计策略更多的是街区环境的一种改善，以及在局地进行更新复兴时进行的生态节能设计。将吴良镛先生提出的古建筑、街坊保护和新建筑设计原则的"有机更新"理论内涵，扩大到城市层面，通过对适度规模尺度的城市单元进行改造更新，实现城市整体环境的改善。

如滨江道商业街（图6-30），这一历史上形成的商业街区建筑尺度较小，建筑风格偏传统，但随着现代商业的发展，商业街区商业建筑尺度变大，出现了商业综合体，风格、肌理混杂。由于大量的人口需求和便捷的交通等优势，旧城改造和更新中出现的商业综合体仍然能够获得社会的认同。

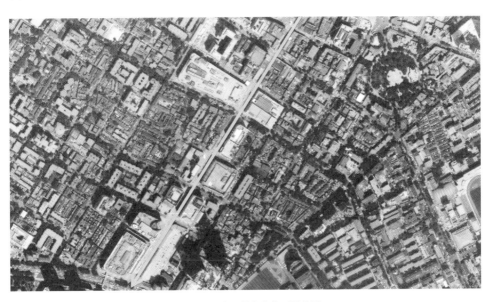

图 6-30　滨江道商业街周边概览

综上分析，街区生态节能更新设计策略如下。

第一，街区生态节能设计应以绿色街区的生态研究内容为依据，尽量实现街区在气候适应性、能源资源节约和生态环保等方面的基本要求。在具体设计中，以有机更新理念为指导，结合适应不同生态环境要素的街区生态节能设计策略，以街区现存

图 6-31　可供参考的街区地块
划分模式综合示意
（资料来源：作者自绘）

的土地、植被、水体等生态要素为基础，注重街区在气候性设计原则下的环境改善措施。

第二，街区生态节能设计应尽量实现街区尺度合理化，以生态节能为目标导向，把街区的合理规模尺度控制在 200 m 以内。从现实生活的需求和行为地理学角度来讲，50~150 m 的街区规模尺度更为适宜和普遍存在，更可体现街区人性化的品质和适宜性。图 6-31 为可供参考的街区地块划分模式综合示意，在此基础上拆分、整合、兼并可以演变出更多的模式，在此进行示范性分析。各模式街区地块根据相关规定后退红线 5~10 m，则其建筑基底面积和覆盖率的推算结果如表 6-7 所示。

表 6-7　城市高密度街区地块尺度参数示意

模式	尺寸 / m	面积 / hm²	建筑基底面积 / m²	覆盖率 / （%）	高层建筑标准层面积 / m²
A	50×50	0.25	约 1225	49	800~1000
2A	50×100	0.50	约 2800	56	1500~2000
B	60×60	0.36	约 2025	56.25	1000~1500
2B	60×120	0.72	约 4500	62.50	2000~3000
C	50×75	0.375	约 2100	56	1000~1500
2C	75×100	0.75	约 4800	64	2000~3000
D	60×75	0.45	约 2700	60	1000~1500
2D	75×120	0.90	约 6000	66.67	2000~3000

资料来源：梁江、孙晖的《模式与动因——中国城市中心区的形态演变》整理修改绘制。

图 6-31 为可供参考的街区地块划分模式综合示意。A 模式街区尺度可以容纳一个标准层面积为 800~1000 m² 的小高层建筑或是多层商业办公建筑；B、C、D 三种模式建筑可开发基底面积 2000~3000 m²，相应地可以容纳一个标准层面积为 1000~1500 m² 的高层建筑，覆盖率可达 56 %~60 %，建筑基底面积与高层建筑标准层面积的比例约为 2 ∶ 1；2A 适宜开发标准层面积为 1500~2000 m² 的中型高层建筑；2B、2C、2D 三种模式适宜开发标准层面积为 2000~3000 m² 的大型高层建筑。4 种街区尺度的参考原型及其兼并拼接组合，可以适应各种标准层面积为 800~3000 m² 的商

务公寓、商住楼、办公楼、宾馆旅店等高层建筑的开发，但是这 8 种仅为示意性分析模式，实际项目需根据实际情况进行尺度的拼合调整。

第三，因小白楼地区有大量历史文化保护街区，故应探讨传统城市设计和生态节能城市设计相结合的策略，考虑城市传统空间特色的保护和传统图式的退化，注重历史文化的传承保护与更新改造的关系，以适宜性技术方法，实现街区的生态节能布局设计目标。

第四，梳理交通系统，提出街区机动车交通的流线组织，探讨旧城街区地下停车场的建设方法以及重点进行步行环境的塑造。

第五，街区空间形态应与其周边腹地的建筑群在风格、色彩上协调统一，充分利用旧建筑的结构和材料，新建建筑在平面肌理、尺度、体量、色彩上应与改造建筑形成和谐的整体。

6.4.2 道路交通生态节能设计策略

基于前面道路交通状况的描述和分析，梳理城市高密度地区交通系统，加强道路交通节能设计，以生态节能为目标导向规划设计城市高密度街区，优先发展公共交通，加强轨道交通建设，积极调控机动车和私人小轿车保有总量。

针对常规公交系统投入低、技术门槛低、运行效率低的特点，需要采取先进的理念和技术进行改造升级。巴士快速公交系统采用低底盘、宽门、可容纳 300 名乘客的大容量铰接客车运行于专用车道，也可以使用其他车道，在交叉路口有优先行驶权；并且车道每千米造价仅为轻轨的 1%，有很好的经济效益；而在乘客上车前检票极大地提高了运行效率。建立公交辅助系统，在冬季为中小学学生提供校园公交专线，可使用预约公交服务，为老年人群、残疾人士等弱势群体的冬季出行提供方便。新能源新技术方面，加快发展和推广新能源节能汽车；在配套设施方面，加快充电站（桩）、加气站等新能源节能汽车配套设施的建设；在居民行为活动方面，倡导绿色低碳出行，并倡导在驾校教程中推行节能驾驶技术与方法。

提升商业、办公街区的路网密度，在狭窄的交通拥堵地段适当配设单向行驶道路，注重地下空间的开发和利用，采取稳静交通、停车楼、地下停车、智能控制等手段有效地组织街区交通系统，重点建设街区的步行系统。另外，人行道的整合节能优化可以节约长期成本，改进性能，减少对环境的影响，具体策略有：① 使用透水路面，减少雨水径流和基础设施高峰期雨水处理负荷；② 利用非开挖技术修复人行道地下基础设施及管道；③ 设计多元化绿化中心，保障行人安全，减少道路噪声，改善空气质量；④ 采用耐旱和节水灌溉的景观的设计，减少灌溉用水和饮用水的需求。

6.4.3 公共空间生态节能设计策略

1. 公共空间生态绿化策略

街区生态节能设计要遵循资源节约和系统性设计原则，结合城市商业网点规划以及街区的人口、经济、社会需求确定商业街区的改造更新原则。根据适当的条件，在用地规模、建筑风格、体量上进行适度突破，例如建设商业综合体建筑以塑造"城市峡谷"为核心理念，注重绿色、生态节能技术的应用。通过设计、应用花岗岩、石灰石、砂岩等自然材料模拟山体峡谷的风貌，通过建设屋顶花园和空中花园，实现树木、草坪、溪流、瀑布等生态要素与商业空间的有机结合，最终形成有别于常规城市综合体的设计，打造城市中的绿洲。

以有机更新理念为指导，遵循生态节能街区的设计原则，注重街区的功能混合，实现资源的节约和共享。在街区改造更新过程中，尊重街区原有的土地、植被、建筑肌理，充分利用既有的地质条件、市政设施，顺应街区地形条件，保留必要的沟渠、池塘、绿化植被等自然要素，减少土石方量，节约资源。

鉴于许多城市伪生态绿化造成的负面影响，应当选择适合寒冷气候特点、土壤类型、植物形态等影响因素的植物品种，避免盲目引进或移植珍贵品种和观赏品种，尽可能以本土植物品种中的常绿树为主，辅以落叶树，控制常绿树和落叶树的比例，较为合理的比例为 2 ∶ 1；在风力较强的地段，宜采用根系较为发达的树种；对于建筑阴面、阳光不充足的地段，可以种植中性或弱阳性的树种。尤其在邻近住宅楼南面的绿化位置，落叶树在夏季可以遮蔽一些暴晒，在冬季因落叶的特性保证了底层住宅的阳光射入。但是，寒冷气候区的绿化植物配置还应考虑全年绿量和公共空间阻挡冷风的作用，因此常绿树种必不可少。近地生长的常绿针叶树和高密度种植的落叶树可以有效阻挡冬季主导风的侵袭。在街区的北、西侧布置多样化的"防风绿墙"，例如，种植诸如松树、柏树、杉树等高大长青树木，结合冬青等低矮的乔木、长青灌木，从而减少建筑的热损失量。图 6-32 为几种树种与建筑布局方式的比较。

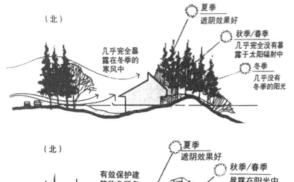

A. 屋子的南北面均有针叶树，但还是暴露在寒风中，四季都有阴影，冬季接受太阳能量低。
等级：十分差

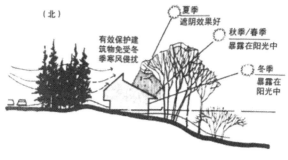

B. 屋子北面为针叶林，南面为落叶林，冬季时能有效抵御寒风。房屋在夏季有阴影而在冬季阳光能够射入。
等级：好

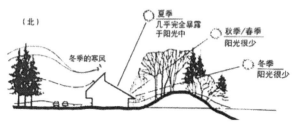

C. 屋子的南北面为混合树种，冬季有寒风并且接受太阳能量少。夏季屋顶全部暴露于阳光下。
等级：差

图 6-32　几种树种与建筑布局方式的比较

（资料来源：马什 . 景观规划的环境学途径 [M]. 朱强，黄丽玲，俞孔坚，等译 . 北京：中国建筑工业出版社，2006）

2. 生态停车场设计

基于地势高差或人为制造地势落差构筑"复式斜向泊车系统"，可以有效地解决城市高密度地区停车场不足与土地利用低效问题。"复式斜向泊车系统"的高度远低于正常居民楼 2 层的高度，停车时不需要等候就可以在同一三维空间中上、下各泊 1 辆车。图 6-33 为同一三维空间下泊车示意图。左边车停进正面斜向地下倾斜 11°的空间，地下垂直高度 1.2 m；反面斜向地上倾斜 11°抬高 1 m，形成缓坡面，如此下层车位高 2.2 m；上下层停车时，车辆可从斜坡上行或下行入库。斜坡停车库有四种类型（图6-34）：单一型、立体型、围合型和组合型。

　　"复式斜向泊车系统"与传统机械式立体停车库相比，有以下四种优势：① "进库—停车—取车—出库"过程十分便利、节省时间；② 造价相对较低，无须额外支出电费、人工管理等附加费用；③ 节省土地资源，提高土地利用效率；④ 节省材料，方便迁移再利用，既可采用工厂生产好的标准钢构件进行搭建，又可根据情况拆卸构件异地搭建再利用。

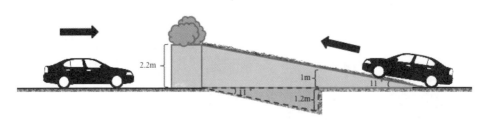

图 6-33　同一三维空间上、下泊车示意图
（资料来源：作者自绘）

（a）单一型

（b）立体型

（c）围合型

（d）组合型

图 6-34　斜坡停车库类型

（资料来源：宁波海曙区房管处研发"构筑地势高差斜向泊车系统"[N]. 宁波日报 [2013-01-25]）

6.5 天津市城市高密度地块生态节能设计策略

6.5.1 建筑群组生态节能优化策略

对建筑群组进行设计时需要考虑如果是冬季，需要减少建筑遮挡、增加太阳辐射吸收、减弱室外通风等因素，因此需要增大建筑间距，充分利用被动式太阳能，需要屏障挡风防护，避免寒冷空气入侵室内；而夏季则反之。冬夏两季的气候极端性，有时会使设计布局陷入矛盾：间距是增大还是减小、需要通风还是防风、采用独立式还是联排式等，因此，需要在不影响基本需求的条件下，选择合理折中的处理手段，进行建筑群体节能布局与设计。在寒冷气候区的京津冀地区，保暖防寒是首要任务。利用建筑群体的空间布局来达到减少能耗的目的，主要措施是通过布局设计使建筑能得到更多的日照、挡风防护，从而降低采暖的能耗需求。

1. 现状高密度地块模拟分析

经调研，选取小白楼高密度中心区的高层高密度地块，进行模拟分析，图 6-35 为模拟区域的区位图及高密度环境示意。运用 STAR-CCM+ 软件对该高密度地块进行模拟分析，因需要扩大模拟范围，图中点划线地块为重点分析地块，虚线区域为其与周边形成的高密度街区，以虚线区域进行建模，图 6-36 为模拟模型图。根据《民用建筑供暖通风与空气调节设计规范》（GB 50736—2012），天津市的冬季最冷月平均温度为 −3.5 ℃，风向为正北风，平均风速 2.4 m/s，夏季平均温度为 29.8 ℃，风向为正南风，平均风速 2.2 m/s。鉴于分析的是高层高密度环境，选取了 1.5 m 和 50 m 两个高度的截面，用以分析高层高密度环境对行人的影响以及对高层建筑自身的影响。

图 6-37 是该高密度地块夏季 1.5 m 高度的温度模拟示意，可以看出，由于高层建筑物的遮挡，在气象条件 29.8 ℃ 的情况下，整个模拟区域温度并不是很高，大约 30.5 ℃。图 6-38（a）（b）分别是夏季 1.5 m 高度风速云图、矢量图。图 6-39 为夏季 1.5 m 高度建筑外表面风压，从上述图可以看出，建筑背风向有大面积的静风区和弱风区，在 30 ℃ 的环境下，静风和弱风环境并不能给行人带来更舒适的感觉和体感降温；重点研究地块的建筑围合区域内风速为 1~2 m/s，可适当降低行人

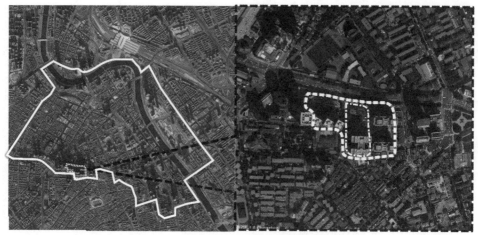

图 6-35　模拟区域的区位图及高密度环境示意
（资料来源：作者自绘）

图 6-36　模拟模型图
（资料来源：作者自绘）

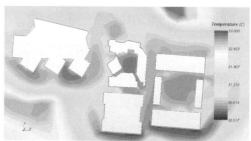

图 6-37　夏季 1.5 m 高度温度模拟示意
（资料来源：作者自绘）

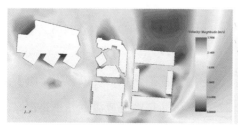

（a）夏季 1.5 m 高度风速云图

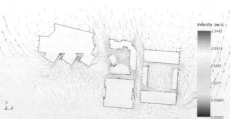

（b）夏季 1.5 m 高度风速矢量图

图 6-38　夏季 1.5 m 高度风速云图和矢量图
（资料来源：作者自绘）

体感温度；重点研究地块与其东侧地块建筑间狭窄且长的步行道，风速较高，达 2.2 m/s 以上。

图 6-40 为该高密度地块夏季 50 m 高度的温度模拟示意，可以看出在 50 m 高度的温度场温度比 1.5 m 高度的温度要低一些。图 6-41（a）（b）分别为夏季 50 m 高度风速云图和矢量图，显示整个区域高层建筑东西狭窄间距区的风速都较高；重点分析区域由于裙房低于 50 m，所以原本在 1.5 m 高度的围合区域变开敞了，风速也有所增大。图 6-42 为夏季 50 m 高度建筑外表面风压，可以看出在建筑迎风面（南向），风压较大，但是背风面（北向）风压非常低，甚至有局部区域负压，造成室内外空气流通不畅，建筑内部温度增高，使用空调手段调节会增加建筑能耗。

图 6-43 为该高密度地块冬季 1.5 m 高度的温度模拟示意，可以看出由于建筑群组及自身的遮挡和风的来向，北面温度最低；图 6-44（a）（b）分别为冬季 1.5 m 高度风速云图、矢量图。图 6-45 为冬季 1.m 高度建筑外表面风压，显示，北面风压较高，建筑背风向存在静风和弱风区域，重点研究地块的建筑群围合区域，风速非常低，不利于驱散污染物。

图 6-46 为该高密度地块冬季 50 m 高度的温度模拟示意，可以看出建筑北面温度最低，重点研究地块建筑群组围合区域，由于北面建筑物能遮挡寒风，温度稍有上升；图 6-47（a）（b）为冬季 50 m 高度风速云图和矢量图，显示高大建筑物可以遮挡寒风，降低风速，但是在整个模拟区域，可以看出每座建筑的东西向风速较高；图 6-48 为冬季 50 m 高度建筑外表面风压，可以看出迎风面北向建筑物外表面风压非常高，会降低室内温度，增加采暖负荷。

由以上分析可知：含有点式高层建筑的点式布局和行列式布局方式的街区与地块风速较低，且下风向形成了大面积的静风区和弱风区；重点研究分析区域的中间围合区域，风速较小，风力通道不能形成，区域内没有完整的风力通道，夏季北面的建筑前后压力较小，不利于室内的风力流通，从而增加空调制冷能耗，可以通过在建筑中开一个自南向北的通道用于通风来解决，并在区域内形成完整的风力通道带走场区内的污染物及热量。由温度场的图可知，整个模拟区域内由于建筑物的互相遮挡，大面积处于阴影中，故冬季与夏季温度都偏低。

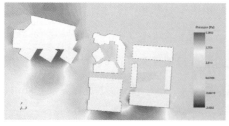 

图6-39　夏季1.5m高度建筑外表面风压　　　　图6-40　夏季50m高度温度模拟示意
（资料来源：作者自绘）　　　　　　　　　　（资料来源：作者自绘）

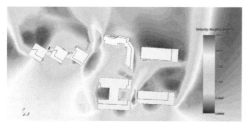 

（a）夏季50m高度风速云图　　　　　　　（b）夏季50m高度风速矢量图

图6-41　夏季50m高度风速云图和矢量图
（资料来源：作者自绘）

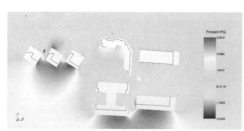 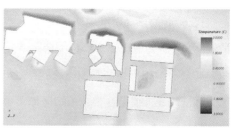

图6-42　夏季50m高度建筑外表面风压　　　　图6-43　冬季1.5m高度温度模拟示意
（资料来源：作者自绘）　　　　　　　　　　（资料来源：作者自绘）

（a）冬季1.5m高度风速云图　　　　　　　（b）冬季1.5m高度风速矢量图

图6-44　冬季1.5m高度风速云图和矢量图
（资料来源：作者自绘）

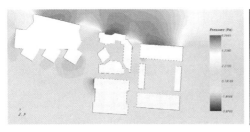
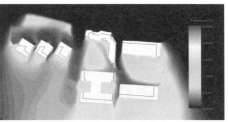

图 6-45　冬季 1.5 m 高度建筑外表面风压
（资料来源：作者自绘）

图 6-46　冬季 50 m 高度温度模拟示意
（资料来源：作者自绘）

（a）冬季 50 m 高度风速云图

（b）冬季 50 m 高度风速矢量图

图 6-47　冬季 50 m 高度风速云图和矢量图
（资料来源：作者自绘）

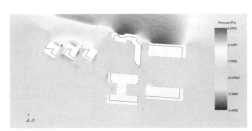

图 6-48　冬季 50 m 高度建筑外表面风压
（资料来源：作者自绘）

综上，建筑高度与建筑群组的围合布局对降低风速的影响效果十分明显；并且建筑布局对温度的影响也显示出与风速相似的规律，点式布局和行列式布局的下风向静风区和弱风区内温度有小幅升高。因此，寒冷气候条件下，城市高密度地区建筑布局适宜采用含有点式高层建筑布局与围合式布局。

2. 既有高密度住区地块优化策略

小白楼地区一般历史较久的住区占地规模较小，建筑密度较大，以低层、多层建筑为主，集中成片，街区开放性强，局部地段环境较差。对于历史文化保护区内的住区需要在不损坏街区建筑、环境等文化特征的前提下，采取保护方法结合精细化设计，完成改造更新，如吴良镛先生主持设计的北京菊儿胡同改造，就是一个遵循有机更新和精细化设计的典范。既有住区的生态节能优化设计包括以下几个方面：首先，要系统地评价街区建筑、交通、环境、公共设施等方面的内容，以城市高密度地区生态节能设计体系的要素指标为基础建立以生态节能为目标导向的地块改造更新体系；其次，注意保护有历史、文化价值的建筑物和构筑物，以及留存河流、树木等能够延续文脉的生态要素；最后，根据建筑质量评价，进行建筑的保留、整新、改造和拆除，提出建筑生态节能改造、更新策略，如风格、体量、高度、色彩等。

小白楼地区的采暖建筑大致可分为：① 20 世纪末至今，按照各种新节能规范、条例等建成的节能达标采暖建筑；② 20 世纪 50 至 80 年代建成的既有采暖居住建筑；③ 新中国成立前建成的、具有历史文化保留价值的别墅式风格建筑。其中，需要进行既有住区节能改造的是后两种类型的采暖建筑。

既有采暖居住建筑的节能改造主要包括：① 供热系统的节能改造；② 墙体进行外（内）复合保温（膨胀型聚苯板）改造；③ 透明围护结构的改造；④ 更换节能保温门窗；⑤ 平屋面改坡屋面；⑥ 供暖系统增加分户热计量和室温分室控制装置；⑦ 实施供热能耗监控；⑧建立既有居住建筑统计系统，普查建筑情况，进行能耗检测、统计和分析。

6.5.2 建筑单体生态节能设计策略

根据我国建筑气候区划，天津隶属于 Ⅱ A 气候区。根据以往学者气候控制分析图计算的研究成果（图 6-49 为天津气候分析图，图 6-50 为天津建筑气候设计策略的有效时间比），可知天津气候设计策略有效时间百分比，全年有 15 % 的时间是不需要外在热调节的热舒适时段；被动式太阳能的可利用时间占全年时间的 29 %，主要集中在 4 月、5 月和 10 月；天津冬季需要采暖时间较长，因此单靠被动式太阳能不足以解决冬季最寒冷的三个月（12 月、1 月、2 月）采暖问题，需要结合传统采暖或主动式太阳能；夏季有 20% 的时间是需要通过调节达到热舒适，自然通风比空调更节能，还可以利用建筑材料的蓄热性能附加夜间通风来调节夏季热舒适度。

因此，天津地区新建住区建筑生态节能设计，应充分利用太阳能等节能措施，

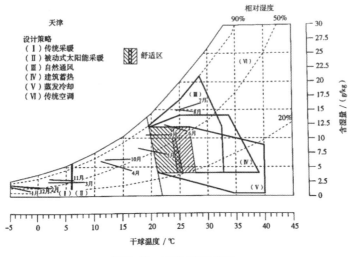

图 6-49　天津气候分析图

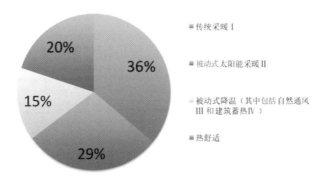

图 6-50　天津建筑气候设计策略的有效时间比

满足冬季日照、保温、防寒防冻等要求，减少建筑物外露面积，加强冬季密闭性；并且兼顾夏季通风防热、避西晒、防暴雨冰雹、防雷电等要求。

1. 基于通风（避风）原则的建筑体形

良好的通风（避风）可以有效地减少建筑内的空调能耗（采暖能耗）。"一"字形及其组合和演化（"T"形、"L"形、"工"字形、"王"字形、"亚"字形等），有利于自然通风或避风，将主要使用房间布置在夏季的迎风面，辅助房间布置在背风面，可以很好地起到夏季通风、冬季避风的作用。因具有朝向好（南向房间多）的优势而被广泛使用，但建筑转角部位通风欠佳，可以增加开窗。

另外，"山"字形建筑的敞口当朝向夏季主导风向布置时，夹角应不大于45°；

当朝向冬季主导风向布置时，迎风面应尽量开敞。"山"字形建筑尽量缩短伸出翼以减少东、西厢房数量，用开窗的大小来调节通风效果，同时考虑墙体的热交换与太阳辐射得热。"口"字形建筑沿场地周边布置，用地较紧凑，形成较为完整的内院或天井空间，此种布置方式东西向房间较多，且不利于气流的导入。如果基地较小，形成的天井空间面积也较小，白天天井四周的墙面太阳辐射得热较少，内部温度低于室外温度，在风压较小或无风的天气状况下，天井中冷空气下沉，与室内热气流产生热压差，可以改善室内热环境。在室外强风条件下，天井处于负压，可以起到水平和垂直双向通风的作用，为室内抽风。另外，如果在"口"字形围合建筑的迎风面架空或部分架空低层，那么风可以进入天井，利于背风面房间的通风。

冬季冷风直吹建筑会大幅降低室内温度，因此，在建筑设计过程中，尽量避免建筑外轮廓与当地冬季主导风向正交可以有效地减少风压对房间气温的影响。

2. 屋顶和墙体

保温层宜选取相对密度小、传热系数小或热阻低、吸水率较小、轻质、高效保温材料；公共建筑应严格控制屋顶透明部分的面积，不应大于屋顶总面积的 20%，透明部分应有遮阳设施，特殊情况应参考《公共建筑节能设计标准》（GB 50189—2015）中相关规定权衡决策。

另外，寒冷气候地区还会遇到建筑墙体和屋顶等材料在低温环境下的"水汽集聚"问题，室内空气和室外空气中的水分含量不同，因此会产生水蒸气压力梯度，使室内湿气进入建筑结构材料（隔热材料尤为严重），在内墙加一层聚氯乙烯塑料膜，可以阻止蒸汽进入屋顶和墙体内部（隔热结构）中。

3. 节能幕墙的利用

针对高层建筑的大面积玻璃幕墙带来的非节能和光污染问题，可以选择使用节能幕墙，即由内外两层立面构造组成（双层幕墙）。20 世纪 30 年代，双层幕墙系统首先在法国提出。柯布西耶设计了一个多层玻璃墙，称之为"中和墙"，作为一个空气通道，中和冷或太阳辐射的效果。但是因为初建费用太高而被搁置，从未实施过。

节能幕墙有很多种的设置方式，通常内层由明框、隐框幕墙，或具有开启扇和检修通道的门窗组成，外层由明框、隐框或点支式幕墙构成。也可以在一个独立支承结构的两侧设置玻璃层，形成空间距离较小的双层立面构造。其双层立面构造使室内外之间形成一个相对封闭的空气缓冲层，设有可以控制空气流动状态的设施，如可控制的遮阳板、百叶、进风口、排风口等。双层节能幕墙能够使建筑外层有效地适应自然的天气变化，提高幕墙的保温隔热性能。

4. 住宅项目的生态节能设计及建造措施

① 前期利用 BIM 设计手段生成建筑体量，进而利用多种软件进行能耗、日照、风环境、室内环境、噪声等多种模拟计算，比选后选出最佳体量，再结合建筑功能进一步优化形成建筑体量的最终方案。

② 基于对风环境、热环境、光环境等场地周边环境的分析，反复计算拟合建筑体形系数，经筛选比对，最后确定合理的建筑群组布局形式、建筑群组和单体朝向，以及建筑单体体形。

③ 结合具体使用房间的热环境和光环境要求，合理布置各类功能房间，在建筑内部组织天然风道，实现过渡季自然通风，也能够达到节能、舒适的使用要求。

④ 在考虑日照、通风，结合多种被动技术的基础上，设计各方向立面有不同的构成，例如南向百叶上部设反光板，上表面为反射面，可将自然光线反射入室内，减少北向空间的能耗；西向为电动可调节式水平百叶，能够随时间和季节而变换方向，有效解决西晒问题；顶部天窗设百叶或电动遮阳帘，避免辐射热进入室内；针对天津冬季风向频率较高的西北风向，北立面采用双层玻璃幕墙解决冬季保温问题。

⑤ 围护结构材料的选择，要充分考虑新型保温材料，并且做到因地制宜，例如依据天津气候特征，建筑外墙可采用 200 mm 厚砂加气混凝土砌块外贴 130 mm 厚超细玻璃棉保温，传热系数不大于 1.5 W/（m² · K）；外门窗可选用铝合金断热型材、四玻三腔单银 Low-E 玻璃。

⑥ 可在建筑第五立面屋顶进行太阳能与建筑一体化设计，部分光伏板采用光热一体设计，充分利用屋面的有效面积为建筑提供热水。

低碳、零能耗建筑的技术集成不是先进技术的简单堆砌，而是以软件分析为主导、以相应的技术手段为辅助条件的经过多次研究形成的高度技术集成，采用被动式生态节能措施结合主动式节能手段的建筑节能技术，以求最终达到零能耗及低碳建筑的设计目标。

综上分析，天津高密度地区更新新建住区的总体设计对策可概括为：

点式或混合式布局＋避风体形＋建筑蓄热＋自然通风＋节能材料＋主动式太阳能或传统采暖＋被动式太阳能设计＋灵活立面＋房间多日照布置。

7

结论与展望

1. 城市高密度地区生态节能设计的探索价值

正如前言所言，高密度是城市发展的诉求和必然趋势，然而现代城市正面临着全球变暖、资源短缺、人口膨胀、环境恶化、灾害频发等严峻考验，城市高密度发展面临着集约的优势和高耗能的劣势，因此，城市节能是亟待解决的问题。目前国内外在城市节能研究方向研究成果颇丰，主要集中于产业节能整合、能源资源的利用以及建筑节能、绿色建筑等方面，近些年我国城市节能有了很大的提升。但是国内外针对高密度这一特定环境的整体生态节能设计研究还稍有欠缺。随着城市的高密度发展，能源消耗由水平方向（城市郊区化蔓延、机动化、土地资源浪费、城市空间低密度低效能发展等）向垂直方向（高层建筑的垂直交通、日常生活能耗等）转变，加之能源消耗持续升高、生活环境不断恶化等一系列问题，城市高密度发展与城市对能源资源消耗这个现实难题，是非常值得我们去了解和解决的。

本书试图在国内外城市生态节能研究的基础上，探究寒冷气候城市高密度地区的自身属性及其能耗特征，从而建立针对城市高密度地区的生态节能设计体系，并提出相应的优化策略。

2. 城市高密度地区生态节能设计的研究结论

① 辨析城市高密度地区的概念，根据宏观、中观、微观的层次将城市高密度地区分为"城市高密度中心区""城市高密度街区"和"城市高密度地块（建筑）"，三者属于隶属关系。本书对于城市高密度地区的界定为，人口密度高于7000 人 $/km^2$。"城市高密度中心区"通常是城市中心区、市中心、中央商务区，职能以金融、商务、商业、办公和居住为主，人口、建筑和活动都高度聚集，具有较强的吸引和辐射能力，由若干"城市高密度街区"组成。"城市高密度街区"由道路单侧连续三个及以上地块组成，或道路双侧两组及以上地块组成。"高密度地块（建筑）"主要关注的是高密度的建筑群组和高密度建筑。建筑层面高密度测度由建筑容积率、建筑覆盖率、建筑层数、开放空间率和建筑立面指标参考确定。通常，当同一时空维度聚集人数超过 50 人的视为高密度建筑场所。

② 提出城市能耗与城市节能的基本观点和特征，以及城市节能的理论基础，包括物理学基础、城市生态学基础、经济学基础和社会学基础。

③ 对寒冷气候城市高密度地区的能耗复杂性进行了分析，探讨城市密度与城市能耗的关系。提出了高密度城市能耗现状的"七宗罪"，即能源需求与能源结构的矛盾、空间结构低效与土地浪费、交通高能耗、环境失衡的高能耗、伪生态绿色外衣带来的能耗、物质环境的高能耗及建筑的高能耗。并在以上分析的基础上，探究城市能耗与气候和高密度布局之间的复杂关系，提炼了城市高密度地区生态节能的核心问题即高密度布局的生态和节能问题。

④ 提出城市高密度地区生态节能设计体系的五个基本理念，即城镇化全程化节能理念、一体化节能理念、立体化节能理念、分区化节能理念和多样化节能理念。通过对相关可持续、生态、绿色指标体系的研究和借鉴映射，提出生态节能基底、生态节能形态、生态节能支撑和生态节能行为，从而构建了宏观、中观、微观层次（即城市级、街区级、地块级）城市高密度地区生态节能设计体系及其 80 个影响因子总表。其中，宏观城市级生态节能关键性指标 40 个，占 50%，中观街区级生态节能关键性指标 19 个，占 24%，微观地块级生态节能关键性指标 21 个，占 26%。并对城市高密度地区生态节能设计体系进行二级权重计算，得出各个指标要素对生态节能影响重要性的权重分值。

⑤ 在城市高密度地区生态节能设计体系的基础上，针对城市高密度地区的功能和特征，提出生态节能设计策略（表 7-1）：a. 生态节能基底——能源利用的节能策略，包括积极利用可再生能源并提高传统能源利用效率，以及提高城市基础设施性能。b. 生态节能形态——空间形态的最优生态节能设计策略与方法，即"3H"开发最优生态节能值域控制方法、土地功能混合利用、高空地上地下空间整合利用和建筑的综合利用，其中，重点在"3H"发展形态方面提出在最优理论值的基础上分区分管、分级管控和采用生态容积率进行绩效测度，以开发强度的值域区间化来控制。c. 生态节能支撑——环境气候图的多项分区利用、街区道路的生态节能设计、建筑群组和建筑单体的气候节能设计四部分策略。d. 生态节能行为——节能软实力的非工程性策略，包括创建城市各节能领域联席会议、完善城市节能政策法规、倡导节能活动及观念转变，以及节能设计数据库的建立和应用。

⑥ 以天津市作为实例来研究，阐述天津市的气候特征和城市节能概况，基于LEAP 进行情景分析得出天津市的节能潜力所在，并针对天津的高密度布局分析特征

和能耗现状，分别提出了城市高密度中心区、城市高密度街区和城市高密度地块的生态节能设计策略。

表 7-1　城市高密度地区的生态节能设计重点策略

设计方面	生态节能设计
能源与资源	积极利用可再生能源（太阳能、风能、生物质能等）；设计是基于太阳能量的输入（当前技术条件下还主要依赖于化石能源，可再生能源在整个能源结构中所占比例还较低，生态节能设计暂表现为尽可能节约能源，提高能源利用效率）
物质利用	物质循环利用，在一个生产过程产生的弃物可以作为另一个过程的原料；进行循环、回用、柔性、耐久和易于维护等方面的生态节能设计
空间形态	紧缩形态的高密度发展，土地功能的混合利用，垂直方向谋求可利用空间，对于城市综合体和巨构建筑的生态节能设计
道路街区	宜于步行、方便可达的具有适宜尺度的生态街区，对于道路本身设计与铺设的生态节能化设计
公共空间	考虑生态节能的设计理念与影响作用，人性化设计；小而分散；适宜的生态绿化
建筑（群组和单体）	基于地域气候特征进行建筑群组生态节能设计，以及单体建筑节能技术的优化和整体性规划设计
设计准则	基于可持续发展、生态健康、节约能源的生态经济原理
生态规律和经济发展的关系	生态规律与经济发展相辅相成、相互配合才能可持续发展，是长远的发展观点
自然所担职能	将自然视作合作伙伴，认识共生关系，减少对物质和能源的过度依赖，进行智慧的、可持续的生态节能设计
多样性	保持生物多样性和与之相适应的文化及其经济支持结构和系统
知识基础	涉及多学科的集成和广域的多学科综合知识
系统观念	将高密度城区自身及其与周边地区视作一个整体系统展开设计，在设计过程中最大可能地体现系统内外部完整性，以及提供系统内外部一贯性设计的过程方案
人文行为	通过生态节能观念的宣传和规范，人类行为、观念逐渐向节能低碳转变；对生态节能设计的偏好
参与层面	营造可公开讨论并解决争议的公众参与氛围，公众有参与权、讨论权等

资料来源：作者自制。

3. 研究的局限性

本书基于城市的高密度特点，建立了城市高密度地区生态节能设计体系，并提出了相关的策略。鉴于个人专业能力、研究时限和篇幅的限制，仍存在许多不足之处。

① 体系架构需进一步完善。本书在文献研究和实地调研的基础上，借鉴国内外城市、社区相关指标体系研究成果构建了城市高密度地区生态节能设计关键性指标体

系，但城市高密度发展涉及社会、经济、生态、物理热工等多领域和专业，笔者仅从生态节能设计出发，未能将以上各方面叙述得十分详尽；此外，由于关键性指标体系影响因子数量众多，对于权重计算研究，仅进行到了子准则层的二级权重分析，并且随着不同地域社会、经济、环境的发展和人们对健康生态内涵理解的不断加深，指标项要不断删减变化及权重赋值和调整。

② 缺少详尽案例支撑。由于城市高密度地区指标体系的复杂性和综合系统性，需要较多的研究对象基础资料以及对于高密度的测度，并且需要规划部门、专家、设计单位和公众共同参与，加之需要很长的时间来验证体系的科学性，所以本书因资料来源匮乏使案例研究并不详尽，且缺乏比较研究以修正结论。

4. 展望与后续研究

未来高密度城市的生态节能领域研究依旧存在大量课题，笔者将继续进行该领域的理论与实践探索，后续研究内容主要包括以下几个方面：

① 加强实验或数字模型模拟，进一步揭示城市高密度地区能耗作用机制，包括城市高密度地区的各能耗领域的能耗监测、模拟等问题。另外，通过数字模型模拟方法，对城市高密度地区室内外空间（风环境、热环境等）的人体舒适度进行模拟，以关联生态节能策略。

② 进行城市高密度地区生态节能设计体系的深入定量研究，积累多年详细测评数据，再进行权重分值的动态更新修订；研究体系指标的生态节能临界值，进行权重赋值与效能评价，以期可以评价城市高密度地区的生态节能效能如何，以指导生态节能评价与优化。

③ 在本书提出的城市高密度地区生态节能设计策略的基础上，进一步探索具体理论和实践内容，针对高密度地区城市空间环境研究其效能优化的模型和方法，进行城市高密度地区生态节能设计策略与绿色生态设计技术的集成。

参考文献

[1] 董春方.密度与城市形态 [J].建筑学报，2012（7）：22-27.

[2] 李林夏，江红.大数据让"马云们"知道了太多的秘密 [J].中国国家地理，2014（11）：60-61.

[3] 翁一武.绿色节能知识读本——探寻公共机构节能之路 [M].上海：上海交通大学出版社，2012.

[4] 全国城市规划执业制度管理委员会.城市规划相关知识（2011 年版）[M].北京：中国计划出版社，2011.

[5] 王庆一，涂逢祥，朱成章，等.能源效率和节能 [J].经济研究参考，2004（84）：6-11.

[6] 缪朴，竺晓军.高密度环境中的城市设计准则 [J].时代建筑，2001（3）：22-25.

[7] 高蓉，杨昌鸣.城市高密度地区公共空间的人性化整治 [J].中外建筑，2003（3）：15-17.

[8] 刘滨谊，余畅，刘悦来.高密度城市中心区街道绿地景观规划设计——以上海陆家嘴中心区道路绿化调整规划设计为例 [J].城市规划汇刊，2002（1）：60-67.

[9] 陈昌勇.空间的"驳接"——一种改善高密度居住空间环境的途径 [J].华中建筑，2006，24（12）：112-115.

[10] 陈昌勇.几种提高居住密度方法的量化评价 [J].城市规划，2010（5）：66-71.

[11] 汪璞卿.拥挤与间隙 [D].合肥：合肥工业大学，2007.

[12] 赵勇伟.缩微化策略——一种高密度发展背景下的城市设计策略初探 [J].华中建筑，2008，26（10）：142-145.

[13] 李明杰，等.广州市海珠区高密度城区扩展 SLEUTH 模型模拟 [J].地理学报，2010，65（10）：1163-1172.

[14] 童心，王小凡.高密度环境下城市微型公共空间的利用 [J].中外建筑，2012（3）：90-92.

[15] 唐相龙.新城市主义及精明增长之解读 [J].城市问题，2008（1）：87-90.

[16] 周国艳，于立.西方现代城市规划理论概论 [M].南京：东南大学出版社，2010.

[17] 吉勒姆.无边的城市——论战城市蔓延 [M].叶齐茂，倪晓晖，译.北京：中国建筑工业出版社，2007.

[18] ALBERTI M. Urban form and eosystem dynamics：empirical evidence and practical implications [C]// Achieving sustainable urban form. London and New York：E&FN Spon，2000.

[19] 黄昕珮，胡仁禄.国外学者对密集型城市可持续性的研究 [J].规划师，2004，20（3）：69-72.

[20] 何丹，朱小平，王梦珂.《更葱绿、更美好的纽约》——新一轮纽约规划评述与启示 [J].国际城市规划，2011，26（5）：71-77.

[21] 姬凌云.欧盟国家城市节能技术类型研究 [D].上海：同济大学，2007.

[22] 沈清基.中国城市能源可持续发展研究：一种城市规划的视角 [J].城市规划学刊，2005（6）：41-47.

[23] 杨秀，魏庆芃，江亿.建筑能耗统计方法探讨 [J].建筑节能，2007，35（1）：7-10.

[24] 程创 . 居民用电对城市节能目标的影响及对策——以上海市为例 [J]. 特区经济，2009（1）：241-242.

[25] 肖荣波，艾勇军，刘云亚，等 . 欧洲城市低碳发展的节能规划与启示 [J]. 现代城市研究，2009（11）：7-31.

[26] 袁继良，许小良 . 采用 20 kV 中压配电建设城市节能低耗电网 [J]. 城市规划，2010（S1）：103-106.

[27] 宋立新 . 城市能耗及排污指标的动态智能监测系统 [J]. 机械管理开发，2010，25（2）：94-97.

[28] 李伟，张广振，李月娟 . 吉林省大中型城市节能潜力实证研究 [J]. 东北电力大学学报，2012（5）：95-99.

[29] 任洪波，吴琼，高伟俊 . 区域能源利用初探——由点到面促进城市节能减排 [J]. 中外能源，2014，19（7）：8-15.

[30] 庄苇，宋菊芳，董辉 . 基于交通的城市空间节能规划策略研究 [J]. 华中科技大学学报：城市科学版，2009，26（3）：98-101.

[31] 岳睿 . 我国城市交通节能减排政策研究 [J]. 交通节能与环保，2009（3）：13-16.

[32] 陈莎 . 城市公共交通节能减排策略研究 [J]. 建设科技，2010（17）：26-29.

[33] 王先琦 . 住宅节能——城市节能不可忽视的方面 [J]. 住宅科技，1991（11）：15-16.

[34] 卢求 . 城市生态节能建筑发展趋势 [J]. 建设科技，2005（3）：40-41.

[35] 尹力，王松华 . 城市节能与发展 [J]. 经济师，2005（9）：49-50.

[36] 张瑛，李海婴 . 关于我国城市实施节能战略的思考 [J]. 武汉理工大学学报：信息与管理工程版，2005（3）：4-7.

[37] 李汉章 . 建筑节能技术指南 [M]. 北京：中国建筑工业出版社，2006.

[38] 王文骏 . 德国新世纪城市节能住宅设计初探 [J]. 城市建筑，2010（1）：9-13.

[39] 冒亚龙，何镜堂 . 遵循气候的生态城市节能设计 [J]. 城市问题，2010（6）：44-49.

[40] 徐小东 . 基于生物气候条件的绿色城市设计生态策略研究 [D]. 南京：东南大学，2005.

[41] 刘艳丽，谢华生，马建立，等 . 中瑞两国生态城市节能研究 [J]. 环境卫生工程，2010，18（2）：47-52.

[42] 孔德静，王鹤 . 城市空间要素的生态节能性设计 [J]. 苏州科技学院学报：工程技术版，2010，23（4）：61-65.

[43] 高奎杰 . 城市规划对于"两型社会"建设的助力——如何通过城市规划实现城市的节能减排 [C]// 规划创新：2010 中国城市规划年会论文集 . 重庆：重庆出版社，2010：1-7.

[44] 柴志贤，孙玲 . 城市蔓延的碳排放效应实证研究 [J]. 商业时代，2012（27）：10-120.

[45] 龙惟定，范蕊，梁浩，等 . 城市节能的关键性能指标 [J]. 暖通空调，2012，42（12）：1-9.

[46] 龙惟定，梁浩，范蕊，等 . 中国城市化进程中的规划节能问题 [J]. 建筑科学，2012，28（6）：1-9.

[47] 龙惟定，范蕊，梁浩，等 . 规划节能是我国城市化进程中的关键 [J]. 建设科技，2013（5）：45-49.

[48] 滕飞，刘毅，金凤君 . 中国特大城市能耗变化的影响因素分解及其区域差异 [J]. 资源科学，2013，35（2）：240-249.

[49] 王纪武，葛丹东 . 节能目标下的城市设计方法 [J]. 浙江大学学报：工学版，2009，43（8）：1538-1542.

[50] 王纪武, 李王鸣, 葛坚. 城市住区能耗与控规指标研究 [J]. 城市发展研究, 2013, 20 (1): 105-109.

[51] 柴志贤. 密度效应、发展水平与中国城市碳排放 [J]. 经济问题, 2013 (3): 25-31.

[52] 程杰, 郝斌, 刘珊, 等. 建筑节能发展趋势分析与模式探讨 [J]. 建筑经济, 2013 (8): 97-99.

[53] 顾震弘, 韩冬青, 维纳斯坦. 低碳节能城市空间规划策略——以南京河西新城南部地区为例 [J]. 城市发展研究, 2013, 20 (1): 94-104.

[54] 杨沛儒. 生态容积率 (EAR): 高密度环境下城市再开发的能耗评估与减碳方法 [J]. 城市规划学刊, 2014 (3): 61-70.

[55] 吴国华, 闫淑萍. 中国城市节能评价的实证研究 [J]. 技术经济, 2007 (5): 77-83.

[56] 蔺雪峰, 孙晓峰. 基于城市背景的绿色建筑发展理念研究 [J]. 动感: 生态城市与绿色建筑, 2011 (4): 44-49.

[57] 林春. 城市节能指标体系的构建及初探 [J]. 科技创新导报, 2012 (36): 139.

[58] 朱斌, 姚琴琴. 福建省绿色城市发展的综合评价与思路分析 [J]. 发展研究, 2013 (11): 24-31.

[59] 蔡凌曦, 范莉莉, 鲜阳红. 基于内容分析法的城市节能减排政策的分类研究 [J]. 生态经济, 2013 (12): 49-53.

[60] 蔡凌曦, 范莉莉, 鲜阳红. 城市节能减排政策评价维度研究 [J]. 生态经济, 2014, 30 (1): 34-38.

[61] 蔡凌曦, 范莉莉. 关于灰色关联度分析法的节能减排事前评价 [J]. 经济体制改革, 2014 (1): 188-192.

[62] 蔡凌曦, 范莉莉, 鲜阳红. 模糊评价方法——BP 神经网络在城市节能减排事前评价中的应用 [J]. 新疆社会科学, 2014 (2): 26-32.

[63] 李连龙, 韩丽莉, 单进. 屋顶绿化在城市节能减排中的作用及实施对策 [C]// 北京市 "建设节约型园林绿化" 论文集. 2007: 144-151.

[64] 仇保兴. 中国建筑节能主要障碍与基本对策 [J]. 住宅产业, 2009 (4): 12-14.

[65] 仇保兴. 推广节约型园林绿化, 促进城市节能减排 [J]. 建筑装饰材料世界, 2007 (11): 10-14.

[66] 胡若愚. 绿色屋顶为城市节能和降温 [J]. 广西城镇建设, 2008 (4): 87-88.

[67] 宋国君. 论城市节能减碳规划一般模式 [C]// 中国环境科学学会学术年会论文集 (2010). 2010: 528-533.

[68] 宋国君, 马本. 基于能效标杆的城市节能管理新思路 [J]. 环境经济, 2011 (8): 22-30.

[69] 潘晓东, 刘学敏. 城市节能减排存在的问题及对策 [J]. 经济与管理研究, 2010 (4): 105-110.

[70] 姜益强, 张志强, 姚杨, 等. 用 EnergyPlus 模拟检验影响节能办公建筑的因素 [J]. 建筑科学, 2006, 22 (6A): 22-25.

[71] 吴志强, 申硕璞, 李欣. 关于沈阳方城旧城改造设计中的城市节能技术平台的探讨 [J]. 城市发展研究, 2008 (S1): 117-122.

[72] 曹斌, 林剑艺, 崔胜辉, 等. 基于 LEAP 的厦门市节能与温室气体减排潜力情景分析 [J]. 生态学报, 2010, 30 (12): 3358-3367.

[73] 洪亮平, 余庄, 李鹍. 夏热冬冷地区城市广义通风道规划探析——以武汉四新地区城市设计为例 [J]. 中国园林, 2011 (2): 39-43.

[74] 冯悦怡, 张力小. 城市节能与碳减排政策情景分析——以北京市为例 [J]. 资源科学, 2012, 34 (3): 541-550.

[75] 于灏, 张贤, 魏一鸣. 城市节能与二氧化碳减排情景分析——以北京市为例 [J]. 中国人口·资源与环境, 2013, 23 (专刊): 410-415.

[76] 张辉, 王沛. 夏热冬冷地区城市热环境气候适应性研究 [J]. 四川建筑科学研究, 2013, 39 (3): 350-353.

[77] 姜永东. "智慧能源云"——解码城市能源综合管控 [J]. 智能建筑与城市信息, 2013 (2): 30-33.

[78] OKE T R, MAXWELL G B. Urban heat island dynamics in Montreal and Vancouver[J]. Atmospheric Environment, 1975, 9: 191-200.

[79] KARL T R, JONES P D, KNIGHT R W, et al. A new perspective on recent global warming: asymmetric trends of daily maximum and minimum temperature[J]. Bulletin of the American Meteorological Society, 1993, 74: 1007-1023.

[80] KALANDE B D and OKE T R. Suburban energy balance estimates for Vancouver, BC, using the Bowen ratio energy balance approach[J]. Journal of Applied Meteorology, 1980, 19: 791-802.

[81] OKE T R. The energetic basis of the urban heat island[J]. Quarterly Journal of the Royal Meteorological Society, 1982, 108: 1-24.

[82] GRIMMOND S. Urbanization and global environmental change: local effects of urban warming[J]. The Geographical Journal, 2007, 173 (1): 83-88.

[83] 周淑贞, 张如一, 张超. 气象学与气候学 [M]. 3 版. 北京: 高等教育出版社, 1997.

[84] 张鑫, 王英. 浅谈大气成分对城市气候的影响 [J]. 黑龙江科技信息, 2011 (35): 6.

[85] HANSENJ, SATO M, RUEDY R, et al. Dangerous human-made interference with climate: a GISS model E study [J]. Atmospheric Chemistry and Physics, 2007, 7: 2287-2312.

[86] HANSEN J, SATO M, KHARECHA P, et al. Target atmospheric CO_2: where should humanity aim? [J]. Science, 2008, 310: 1029-1031.

[87] 李玉文, 于洋. 长沙市生态城市建设中的伪生态现象分析 [J]. 防护林科技, 2010 (4): 57-62.

[88] 卢升高. 环境生态学 [M]. 杭州: 浙江大学出版社, 2010.

[89] MILLS G. Progress toward sustainable settlements: a role for urban climatology[J]. Theoretical and Applied Climatology, 2006, 84: 69-76.

[90] 龙惟定, 武涌. 建筑节能技术 [M]. 北京: 中国建筑工业出版社, 2009.

[91] 吉沃尼. 建筑设计和城市设计中的气候因素 [M]. 汪芳, 等译. 北京: 中国建筑工业出版社, 2011.

[92] 温春阳, 周永章. 紧凑城市理念及其在中国城市规划中的应用 [J]. 南方建筑, 2008 (4): 66-67.

[93] 耿宏兵. 紧凑但不拥挤——对紧凑城市理论在我国应用的思考 [J]. 城市规划, 2008 (6): 48-54.

[94] 罗杰斯, 古姆齐德简. 小小地球上的城市 [M]. 仲德崑, 译. 北京: 中国建筑工业出版社, 2004.

[95] 赵强. 城市健康生态社区评价体系整合研究 [D]. 天津: 天津大学, 2012.

[96] 刘爱芳, 张彩庆, 段铷. 建筑节能评价指标体系的构建 [J]. 电力需求侧管理, 2006, 8 (1): 39-42.

[97] 李迅. 生态文明视野下的城乡规划转型发展 [J]. 城市规划, 2014, 38 (S2): 77-83.

[98] 哈泽尔巴赫. LEED-NC 工程指南——工程师可持续建筑手册 [M]. 单英华，蒋冬芹，胡春艳，译.
沈阳：辽宁科学技术出版社，2010.

[99] 华佳. 浅析日本 CASBEE 评价体系 [J]. 住宅产业，2012（5）：46-47.

[100] 香港的绿色建筑评估体系. 中国绿色建筑工程师网 [DB/OL]. http://www.jzr8.com/news.aspx?id=1162.

[101] 吴良镛. 人居环境科学导论 [M]. 北京：中国建筑工业出版社，2011.

[102] 林姚宇，吴佳明. 低碳城市的国际实践解析 [J]. 国际城市规划，2010，25（1）：121-124.

[103] 马库斯. 人性场所——城市开放空间设计导则 [M]. 俞孔坚，等译. 北京：中国建筑工业出版社，
2001.

[104] 龙惟定，白玮，梁浩，等. 低碳城市的城市形态和能源愿景 [J]. 建筑科学，2010，26（2）：13-18.

[105] 萨蒂. 层次分析法——在资源分配、管理和冲突分析中的应用 [M]. 许树柏，等译. 北京：煤炭工业
出版社，1988.

[106] 胥星静. 基于能源要素利用的欧洲生态城市建设方法 [C] // 2014（第九届）城市发展与规划大会论
文集. 城市发展研究，2014，21（S2）：1-9.

[107] 中国地理学会. 城市气候与城市规划 [M]. 北京：科学出版社，1985.

[108] 法尔. 可持续城市化——城市设计结合自然 [M]. 黄靖，徐桑，译. 北京：中国建筑工业出版社，
2013.

[109] 赵亚莉，刘友兆. 城市土地开发强度差异及影响因素研究——基于 222 个地级及以上城市面
板数据 [J]. 资源科学，2013，35（2）：380-387.

[110] 苏红键，魏后凯. 密度效应、最优城市人口密度与集约型城镇化 [J]. 中国工业经济，2013（10）：5-17.

[111] 邹高禄. 城市最佳再开发理论模型及其应用 [J]. 国土经济，2002（4）：16-18.

[112] 戴锏. 美国容积率调控技术的体系化演变及应用研究 [D]. 哈尔滨：哈尔滨工业大学，2010.

[113] 黄明华，丁亮. 科学性、合理性、操作性——经济利益和公共利益双视角下的独立商业地块容积
率"值域化"研究 [J]. 城市规划，2014，38（6）：50-58.

[114] 夏南凯，田宝江，王耀武. 控制性详细规划 [M]. 2 版. 上海：同济大学出版社，2005.

[115] 鲍振洪，李朝奎. 城市建筑容积率研究进展 [J]. 地理科学进展，2010，29（4）：396-402.

[116] 周丽亚，邹兵. 探讨多层次控制城市密度的技术方法——《深圳经济特区密度分区研究》的主要
思路 [J]. 城市规划，2004，28（12）：28-32.

[117] 唐子来，付磊. 城市密度分区研究——以深圳经济特区为例 [J]. 城市规划汇刊，2003（4）：1-9.

[118] ESD 生态系统城市设计事务所，台北市市更新处. 台北市内湖成美桥以西及基隆河两岸地区更新
计划案 [R]. 2012.

[119] 姜涛，李延新，秦涛. 武汉市规划用地兼容性规定研究 [J]. 城市规划，2014，38（6）：38-42.

[120] 丁小平. 城市中心区节地模式的探讨——以长沙新河三角洲开发新模式为例 [J]. 国土资源情报，
2008（10）：43-47.

[121] 孙艳晨，赵景伟. 城市地下空间开发强度及布局模式分析 [J]. 四川建筑科学研究，2012，38（4）：
272-275.

[122] 于一丁，黄宁，万昆. 城市重点地区地下空间规划编制方法探讨——以武汉市航空路武展地区为
例 [J]. 城市规划学刊，2009（5）：83-89.

[123] 范文莉 . 当代城市空间发展的前瞻性理论与设计——城市要素有机结合的城市设计 [M]. 南京：东南大学出版社，2011.

[124] 杜鹏 . 对巨构建筑的伦理学思考透视城市设计的发展走向 [J]. 南方建筑，2006（1）：54-57.

[125] 汪光焘，王晓云，苗世光，等 . 城市规划大气环境影响多尺度评估技术体系的研究与应用 [J]. 中国科学 D 辑，2005，35（SI）：145-155.

[126] 何晓凤，蒋维楣，郭文利，等 . 城镇规划布局对边界层结构影响的数值试验 [J]. 高原气象，2007，26（2）：363-372.

[127] 汪光焘 . 气象、环境与城市规划 [M]. 北京：北京出版社，2004.

[128] MCPHERSON E G，HERRINGTON L P，HEISLER M. Impacts of vegetation on residential heating and cooling[J]. Energy and Buildings，1988（12）：41-51.

[129] KARL T R，DIAZ H F，KUKLA G. Urbanization：its detection and effect in the United States climate record[J]. Journal of Climate，1988（11）：1099-1123.

[130] ARNFIELD A J. Two decades of urban climate research：a review of turbulence，exchanges of energy and water，and the urban heat island [J]. International Journal of Climatology，2003（23）：1-26.

[131] SALINGAROS N A. Complexity and urban coherence[J]. Journal of Urban Design，2000，5（5）：291-516.

[132] SALINGAROS N A，WEST B J. A universal rule for the distribution of sizes[J]. Environment & Planning B：Planning & Design，1999，26：909-923.

[133] FARINA A. Principles and methods in landscape ecology[M]. London：Chapman & Hall，1998.

[134] 梁江，孙晖 . 模式与动因——中国城市中心区的形态演变 [M]. 北京：中国建筑工业出版社，2007.

[135] 黄烨勍，孙一民 . 街区适宜尺度的判定特征及量化指标 [J]. 华南理工大学学报：自然科学版，2012（9）：131-138.

[136] SIKSNA A. The effects of block size and form in North American city centers[J]. Urban Morphology，1997（1）：19-33.

[137] 杨俊宴 . 中心商务区（CBD）发展量化研究 [D]. 南京：东南大学，2004.

[138] 杨俊宴，史北祥，杨扬 . 城市中心区土地集约利用的评价模型：基于 50 个样本的定量分析 [J]. 东南大学学报：自然科学版，2013，43（4）：877-884.

[139] 鞠叶辛，梅洪元 . 寒地建筑形态地域特征初探 [J]. 低温建筑技术，2004（5）：22-23.

[140] 罗智星，杨柳 . 基于气候适应策略的生态建筑设计方法研究——以大陆性严寒地区生态住宅设计为例 [J]. 南方建筑，2010（5）：17-21.

[141] 莱希纳 . 建筑师技术设计指南——采暖 ·降温 ·照明 [M]. 张利，等译 . 北京：中国建筑工业出版社，2004.

[142] 布朗，德凯 . 太阳辐射·风·自然光：建筑设计策略 [M]. 常志刚，等译 . 北京：中国建筑工业出版社，2008.

[143] 芦原义信 . 街道的美学 [M]. 尹培桐，译 . 天津：百花文艺出版社，2006.

[144] DEPAUL F T，SHEIH C M. Measurements of wind velocities in a street canyon[J]. Atmospheric Environment，1986，20（3）：455-459.

[145] 李朝阳 . 现代城市道路交通规划 [M]. 上海：上海交通大学出版社，2006.

[146] 武海琴 . 发热电缆用于地面融雪化冰的技术研究 [D] . 北京：北京工业大学，2005.

[147] 李悦，李铁山，徐玉峰，等 . 多功能自融雪沥青路面的研究与应用 [J]. 中外公路，2012，32（6）：85-89.

[148] 徐慧宁，谭忆秋，傅忠斌，等 . 太阳能 - 土壤源热能耦合道路融雪系统融雪性能的研究 [J]. 太阳能学报，2011（9）：1391-1396.

[149] 侯作富，李卓球，杨唐胜 . 碳纤维导电混凝土融雪化冰的智能控制研究 [J]. 武汉理工大学学报：交通科学与工程版，2005，29（1）：64-67.

[150] 霍曼琳，马保国，张昉，等 . 相变储能路面融雪系统的材料相容性与铺装参数 [J]. 兰州交通大学学报，2010，29（6）：1-4.

[151] THOMPSONC W. Urban open space in the 21st century[J]. Landscape and Urban Planning，2002，60（2）：59-72.

[152] WESTERBERG U. Climatic planning：physics or symbolism[J]. Arch. & Behav，1994（1）：59.

[153] PIHLAK M. Outdoor comfort：hot desert and cold winter cities[J]. Arch. & Behav，1994（1）：84.

[154] ROO M，KUYPERS V H M，LENZHOLZER S. The green city guidelines：techniques for a healthy liveable city[M]. Zwaan Printmedia，2011.

[155] 周媛，石铁矛，胡远满，等 . 基于城市气候环境特征的绿地景观格局优化研究 [J]. 城市规划，2014，38（5）：83-89.

[156] 刘加平 . 建筑物理 [M]. 3 版 . 北京：中国建筑工业出版社，2000.

[157] 盖尔，吉姆松 . 公共空间·公共生活 [M]. 汤羽扬，等译 . 北京：中国建筑工业出版社，2003.

[158] 冷红，袁青 . 发达国家寒地城市规划建设经验探讨 [J]. 国外城市规划，2003，18（4）：60-66.

[159] 宋德萱 . 建筑环境控制学 [M]. 南京：东南大学出版社，2003.

[160] 霍夫 . 都市与自然作用 [M]. 洪得娟，颜家芝，李丽雪，译 . 台北：田园城市文化事业有限公司，1998.

[161] BOSSELMANN P，ARENS E，DUNKER K，et al. Urban form and climate：case study，Toronto[J]. Journal of the American Statistical Association，1995（2）：227.

[162] 白德懋 . 居住区规划与环境设计 [M]. 北京：中国建筑工业出版社，1993.

[163] 丛大鸣 . 节能生态技术在建筑中的应用及实例分析 [M]. 济南：山东大学出版社，2009.

[164] 马眷荣，等 . 建筑玻璃 [M]. 2 版 . 北京：化学工业出版社，2006.

[165] 薛志峰，等 . 超低能耗建筑技术及应用 [M]. 北京：中国建筑工业出版社，2005.

[166] 李海英 . 钢结构建筑围护结构的材料和构造技术研究 [D]. 北京：清华大学，2005.

[167] 安学先 . 透析能源消耗现状，探索低碳降耗途径 [J]. 当代石油石化，2014（10）：36-39.

[168] 郭梦华 . 本市建立节能数据库的基本思路与对策 [J]. 能源研究与信息，1995，11（3）：13-14.

[169] 龚敏，徐颖 . 杭州市建筑节能研究数据库建设框架 [J]. 现代城市，2007（4）：22-25.

[170] CHARLES E，DAVID F，GILLES L，et al. An outline of the building description system：Institute of Physical Planning[R]. Pittsburgh：Carnegie-mellonrsity，1974.

[171] 吴志强 . 从 BIM 到 CIM—— 城市智慧模型 [DB/OL].http: //wx.shenchuang.com/article/2015-05-16/1032536. html.

[172] 姜德义，朱磊，龚科家，等 . 天津地区既有居住建筑节能改造政策与模式研究 [J]. 建筑节能，2011 （8）：74-77.

[173] 谈河君，何雪冰，杨德位 . 采暖地区既有居住建筑节能改造研究 [J]. 制冷与空调，2008，22（2）：53-57.

[174] 郁文红 . 建筑节能的理论分析与应用研究 [D]. 天津：天津大学，2004.

[175] 住房和城乡建设部编写组 . 系统·适宜·平衡——城市既有居住建筑节能改造规划方法与实践 [M]. 北京：中国建筑工业出版社，2011：48-49.

[176] 天津市墙改办 . 建筑节能概况 [J]. 墙材革新与建筑节能，2001（4）：16-20.

[177] ZHOU D D，LEVINE M，et al. China's sustainable energy future： scenariou of energy and carbon emission[R]. http: //hina.lbl.gov/sites/china.lbl.gov/files/LBNL_54067._Chinas_Sustainable_ Energy_ Future. Oct2003.pdf.

[178] 王崎 . 高密度环境下的城市中心区防灾规划研究 [D]. 天津：天津大学，2013.

[179] 杨崴，曾坚，郭凤平 . 可持续的城市居住用地开发强度 [J]. 天津大学学报：社会科学版，2009，11（3）：247-252.

[180] 方可 . 当代北京旧城更新：调查·研究·探索 [M]. 北京：中国建筑工业出版社，2000.

[181] 中国建筑业协会建筑节能专业委员会 . 建筑节能技术 [M]. 北京：中国计划出版社，1996.

附　录

公 式

1. 公式（3-1）能量守恒定律：

输入能量 = 输出能量 + 储存的能量（形式发生变化的能量）

2. 公式（3-2）城市地区表面能量平衡一般形式：

$$Q* + Q_F = Q_H + Q_E + \Delta Q_S + \Delta Q_A$$

第 3 章公式均来自：埃雷尔，珀尔穆特，威廉森. 城市小气候——建筑之间的空间设计 [M]. 叶齐茂，倪晓晖，译. 北京：中国建筑工业出版社，2014.

3. 公式（4-1）：

$$S_j = \sum_{i=1}^{n} a_{ij} \quad (j=1, \ 2, \ \cdots, \ n)$$

4. 公式（4-2）：

$$a_{ij}^* = \frac{a_{ij}}{S_j} \quad (i, \ j=1, \ 2, \ \cdots, \ n)$$

5. 公式（4-3）：

$$W_i = \sum_{j=1}^{n} a_{ij}^* \bigg/ n \quad (j=1, \ 2, \ \cdots, \ n)$$

6. 公式（4-4）：

$$\lambda_{max} = \sum_{i=1}^{n} \frac{(AW)_i}{nW_i}$$

7. 公式（4-5）：

$$c_j = \sum_{i=1}^{m} b_i C_j^i \quad (j=1, \ 2, \ \cdots, \ n)$$

8. 公式（4-6）：

$$CI = \frac{\lambda_{max} - n}{n-1}$$

9. 公式（4-7）：

$$CR = \frac{CI}{RI}$$

第 4 章关于层次分析法计算权重的所有公式均来自：萨蒂. 层次分析法——在资源分配、管理和冲突分析中的应用 [M]. 许树柏，等译. 北京：煤炭工业出版社，1988.

10. 公式（5-1）最佳再开发理论假设及模型：

$$F^{\text{l}} = \frac{(\alpha - \mu)}{2\ (\beta - \tau)}$$

资料来源：Brueckner J. A vintage model of urban growth[J]. Journal of Urban Economics，1980，8：389-402.

11. 公式（5-2）和公式（5-3）单位建筑面积用地指标（M_0）：

$$M_0 = \frac{M}{L \times d \times c}$$

其中：
$$M = (L+a) \times (d+k \times c \times h)$$

资料来源：张彧. 可持续发展城市住区设计理论与方法研究 [D]. 南京：东南大学，2004.

12. 公式（5-4）城乡气温差（$T_{\text{u-r}}$）：

$$T_{\text{u-r}} = T_{\text{u}} - T_{\text{r}}$$

资料来源：① Karl T R，Diaz H F & Kukla G. Urbanization：its detection and effect in the United States climate record[J]. Journal of Climate，1988（11）：1099-1123.
② Arnfield A J. Two decades of urban climate research：a review of turbulence，exchanges of energy and water，and the urban heat island [J]. International Journal of Climatology，2003（23）：1-26.

13. 公式（5-5）和公式（5-6）日照间距（D_0）：

$$D_0 = H_0 \coth \cdot \cos\gamma$$

其中：γ 为后栋建筑墙面法线与太阳方位角的夹角，$\gamma = A - \alpha$ 即太阳方位角 A 与墙面方位角 α 之差；h 为太阳高度角；H_0 为前栋建筑计算高度（前栋建筑总高减后栋建筑第一层窗台的高度）。当建筑朝向正南时 $\alpha = 0$，公式可写成：

$$D_0 = H_0 \coth \cdot \cos A$$

其中：$\coth \cdot \cos A$ 为日照间距系数。

资料来源：李海英，白玉星，高建岭，等. 生态建筑节能技术及案例分析 [M]. 北京：中国电力出版社，2007：65.

14. 公式（6-1）能源消费总量计算公式：

$$EC_n = \sum_i \sum_j AL_{n,j,i} \times EI_{n,j,i}$$

其中：EC_n 代表能源消费总量；AL 代表活动水平；EI 代表能源使用强度；n 表示能源类型；i 表示活动部门；j 表示终端能源使用设备。

15. 公式（6-2）能源转换净耗能计算公式：

$$ET_s = \sum_m \sum_t ETP_{t,m} \times \left(\frac{1}{f_{t,m,s}} - 1 \right)$$

其中：ET_s代表能源转换净耗能；ETP代表能源转换产品；f表示能源转换效率；s表示一次能源；m表示能源转换设备；t表示生产的二次能源。

16. 公式（6-3）终端能源消费过程中碳排放量计算公式：

$$CEC = \sum_i \sum_j \sum_n AL_{n,j,i} \times EI_{n,j,i} \times EF_{n,j,i}$$

其中：CEC代表终端能源消费过程中碳排放量；$EF_{n,j,i}$表示第i个活动部门使用第j个终端设备消费单位第n种能源的碳排放量。

17. 公式（6-4）能源转换过程中碳排放量计算公式：

$$CET = \sum_s \sum_m \sum_t ETP_{t,m} \times \frac{1}{f_{t,m,s}} \times EF_{t,m,s}$$

其中：CET代表能源转换过程中的碳排放量；$EF_{t,m,s}$表示单位一次能源s通过能源转换设备m生产二次能源t的碳排放量。

第6章中基于LEAP节能潜力情景分析的所有公式均来自于：WebHelp Version：Updated for LEAP 2015 [EB/OL]. http://www.energycommunity.org/WebHelpPro/LEAP.htm.

致 谢

　　天地万物逆旅，光阴百代过客。转眼博士毕业六年有余，本书是在本人于天津大学攻读博士学位时所写的学位论文的基础上修改完善的。学术探究是一个漫长的求索过程，其中充满艰辛和甘甜。感谢我的博士导师曾坚教授，曾老师非比寻常的思想深度、严谨的治学态度、科学的工作方法，给了我极大的帮助和影响，让我终身受益匪浅。在学术探索过程中，曾老师以其渊博的学识、广阔的视野与敏锐的洞察力一次次地为我指明研究方向，在此衷心感谢曾老师对我的关心和指导。

　　感谢我的同门、同事、朋友在工作和生活中对我的帮助和支持，与他们一次次认真而深入的探讨使得本书逐渐深入和完善，这一段美好的时光，我永生难忘。感谢墨尔本大学的 Hesper J. H. 在书稿修改过程中多次与我进行有关城市高密度空间如何融入可持续性发展问题的讨论，一直启发我思考。感谢我的工作单位北京建筑大学为我提供教学、科研和设计平台。感谢华中科技大学出版社张淑梅等编辑的辛苦付出，不厌其烦地帮助没有出版经验的我逐渐熟悉出版流程和规范。另外感谢湖北省公益学术著作出版专项资金和"十二五"国家科技支撑计划"城镇群高密度空间效能优化关键技术研究（2012BAJ15B03）"对本书的支持。

　　最后感谢我的父母三十年来对我的支持和鼓励，做我强有力的后盾；感谢我的姐姐悉心照料父母，让我可以专心求学、在外工作。谨以此书献给我的恩师、同事、同门、朋友和家人！

王婷

2022 年 03 月 17 日于北京